风景园林理论与实践系列丛书

北京林业大学园林学院 主编

Study on Design Related to Environment of Architectural Heritage

建筑遗产环境设计

张凯莉 著

中国建筑工业出版社

图书在版编目（CIP）数据

建筑遗产环境设计/张凯莉著. —北京：中国建筑工业
出版社，2018.5
（风景园林理论与实践系列丛书）
ISBN 978-7-112-21950-6

Ⅰ.①建⋯ Ⅱ.①张⋯ Ⅲ.①古建筑—建筑设计—环
境设计 Ⅳ.①TU-856

中国版本图书馆CIP数据核字（2018）第050722号

责任编辑：杜　洁　兰丽婷
书籍设计：张悟静
责任校对：焦　乐

风景园林理论与实践系列丛书
北京林业大学园林学院　主编

建筑遗产环境设计
张凯莉　著
*
中国建筑工业出版社出版、发行（北京海淀三里河路9号）
各地新华书店、建筑书店经销
北京锋尚制版有限公司制版
北京京华铭诚工贸有限公司印刷
*
开本：880×1230毫米　1/32　印张：6¼　字数：205千字
2018年5月第一版　2018年5月第一次印刷
定价：35.00元
ISBN 978 - 7 - 112 -21950 - 6
（31819）

学到广深时，天必奖辛勤
——挚贺风景园林学科博士论文选集出版

人生学无止境，却有成长过程的节点。博士生毕业论文是一个阶段性的重要节点。不仅是毕业与否的问题，而且通过毕业答辩决定是否授予博士学位。而今出版的论文集是博士答辩后的成果，都是专利性的学术成果，实在宝贵，所以首先要对论文作者们和指导博士毕业论文的导师们，以及完成此书的全体工作人员表示诚挚的祝贺和衷心的感谢。前几年我门下的博士毕业生就建议将他们的论文出专集，由于知行合一之难点未突破而只停留在理想阶段。此书则知行合一地付梓出版，值得庆贺。

以往都用"十年寒窗"比喻学生学习艰苦。可是作为博士生，学习时间接近二十年了。小学全面启蒙，中学打下综合的科学基础，大学本科打下专业全面、系统、扎实的基础，攻读硕士学位培养了学科专题科学研究的基础，而博士学位学习是在博大的科学基础上寻求专题精深。我唯恐"博大精深"评价太高，因为尚处于学习的最后阶段，博士后属于工作站的性质。所以我作序的题目是有所抑制的"学到广深时，天必奖辛勤"，他们的辛勤就是自然要受到人们的褒奖和深谢。

"广"是学习的境界，而不仅是数量的统计。1951年汪菊渊、吴良镛两位前辈创立学科时汇集了生物学、观赏园艺学、建筑学和美学多学科的优秀师资对学生进行了综合、全面系统的本科教育。这是可持续的、根本性的"广"，是由风景园林学科特色与生俱来的。就东西方的文化分野和古今的时域而言，基本是东方的、中国的、古代传统的。汪菊渊先生和周维权先生奠定了中国园林史的全面基石。虽也有西方园林史的内容，但缺少亲身体验的机会，因而对西方园林传授相对要弱些。伴随改革开放，我们公派了骨干师资到欧洲攻读博士学位。王向荣教授在德国荣获博士学位，回国工作后带动更多的青年教师留学、进修和考察，这样学科的广度在中西的经纬方面有了很大发展。硕士生增加了欧洲园林的教学实习。西方哲学、建筑学、观赏园艺学、美学和管理学都不同程度地纳入博士毕业论文中。水源的源头多了，水流自然就宽广绵长了。充分发挥中国传统文化包容的特色，化西为中，以中为体，以外为用。中西园林各有千秋。对于学科的认识西比中更广一些，西方园林除一方风水的自然因素外，是由城市规划学发展而来的风景园林学。中国则相对有独立发展的体系，基于导师引进西方园林的推动和影响，博士论文的内容从研究传统名园名景扩展到城规所属城市基础设施的内容，拉近了学科与现代社会生活的距离。诸如《城市规划区绿地系统规划》、《基于绿色基础理论的村镇绿地系统规划研究》、《盐水湿地"生物—生态"景观修复设计》、《基于自然进程的城市水空间整治研究》、《留存乡愁——风景园林的场所策略》、《建筑遗产的环境设计研究》、《现代城市景观基础建设理论与实践》、《从风景园到园林城市》、《乡村景观在风景园林规划与设计中的意义》、《城市公园绿地用水的可持续发展设计理论与方法》、《城市边缘区绿地空间的景观生态规划设计》、《森林资源评估在中国传统木结构建筑修复中的应用》等。从广度言,显然从园林扩展到园林城市乃至大地景物。唯一不足是论题文字烦琐,没有言简意赅地表达。

学问广是深的基础,但广不直接等于深。以上论文的深度表现在历史文献的收集和研究、理出研究内容和方法的逻辑性框架、论述中西历史经验、归纳现时我国的现状成就与不足、提出解决实际问题的策略和途径。鉴于学科是研究空间环境形象的,所以都以图纸和照片印证观点,使人得到从立意构思到通过意匠创造出生动的形象。这是有所创造的,应充分肯定。城市绿地系统规划深入到城市间空白中间层次规划,即从城市发展到城市群去策划绿地。而且从城市扩展到村镇绿地系统规划。进一步而言,研究城乡各类型土地资源的利用和改造。含城市水空间、盐水湿地、建筑遗产的环境、城市基础设施用地、乡村景观等。广中有深,深中有广。学到广深时是数十年学科教育的积淀,是几代师生员工共铸的成果。

反映传承和创新中国风景园林传统文化艺术内容的博士论文诸如《景以境出,因借体宜——风景园林规划设计精髓》是吸收、消化后用学生自己的语言总结的传统理论。通过说文解字深探词义、归纳手法、调查研究和投入社会设计实践来探讨这一精髓。《乡村景观在风景园林规划与设计中的意义》从山水画、古园中的乡村景观并结合绍兴水渠滨水绿地等作了中西合璧的研究。《基于自然进程的城市水空间研究》把道法自然落实到自然适应论、自然生态与城市建设、水域自然化,从而得出流域与城市水系结构、水的自然循环和湖泊自然演化诸多的、有所创新的论证。《江南古典园林植物景观地域性特色研究》发挥了从观赏园艺学研究园林设计学的优势。从史出论,别开蹊径,挖掘魏晋建康植物景观格局图、南宋临安皇家园林中之梅堂、元代南村别墅、明清八景文化中与论题相符的内容和"松下焚香、竹间拨阮"、"春涨流江"等文化内容。一些似曾相见又不曾相见的史实。

为本书写序对我是很好的学习。以往我都局限于指导自己的博士生,而这套书现收集的文章是其他导师指导的论文。不了解就没有发言权,评价文章难在掌握分寸,也就是"度"、火候。艺术最难是火候,希望在这方面得到大家的帮助。致力于本书的人已圆满地完成了任务,希望得到广大读者的支持。广无边、深无崖,敬希不吝批评指正,是所至盼。

孟兆祯

2015 年 1 月

前　言

　　建筑遗产是人类共同的财富，保护我国珍贵的建筑遗产已成为当务之急，建筑遗产又不是孤立存在的，它总是和周围环境一起叙说着自己的历史，而我国对保护建筑遗产最大的不足之处就在于对建筑遗产的环境保护上。现在，我国建筑遗产规划保护的起步虽然较晚，但却日益受到社会的关注，建筑遗产的环境保护问题也日益进入人们的视野，而我们对建筑遗产环境的研究和设计可以说还在初期的探索阶段，有着不同层次的理解和认识。作为专业技术人员，我们在设计实践中也越来越多地遇到这类问题，而专业人员的认识理解水平直接影响到社会每一个人，尤其是社会决策人士对于这一问题的理解，如果连专业人员的认识都是错误的，那这种良莠不齐的设计结果是否对建筑遗产构成二次破坏呢？

　　国内近几年来，涉及城市历史风貌的保护，城市更新，历史街区、历史建筑的再利用等方面的研究论文很多，侧重于建筑遗产环境方面的研究基本上属于比较空白的部分，而这部分正是我国各层次建筑遗产保护问题中最欠缺的。本书通过对大量资料的分析总结和相关实例的考察和介绍，将结果分为两部分。第一部分是介绍国外建筑遗产保护的发展历程、法律保护制度，特别强调了与建筑遗产环境相关的部分，并且介绍了国外建筑遗产环境保护和设计中值得借鉴的方法；第二部分对比我国建筑遗产保护的发展历程、法律保护制度，寻找我国在这方面的不足点，进而去分析我国建筑遗产环境设计问题的现状，并且对我国现阶段建筑遗产环境设计问题进行了分类综合分析。第二部分的后半部也是本书的重点之一，对国内现阶段建筑遗产保护各层次的环境问题进行探究，这种探究不仅是表面的介绍，而是将问题进行归纳和总结，结合社会热点问题的探讨，借鉴国外先进经验，并尽可能去分析问题的实质，寻找更合理的方法。

　　本书的另一个重点是通过以上两部分理论与实例的分析，进行类比、归纳与总结，试图找出我国建筑遗产环境设计问题的研究对策。虽然我国在建筑遗产保护的法律法规保护制度上尚待完善，但是建筑遗产保护的严峻形势不容许我们等待，过去设计师没有机会和条件对遗迹的外部环境进行参与和干预，现在参与的机会有了，一定要以正确的认识、用正确的方法来对待它，不要使其与捡拾历史和文化的机会失之交臂。同时将这一研究成果运用到以明城墙遗址公园为例的相关设计问题的探讨上。最后得出我国建筑遗产环境设计问题的基本结论，以期抛砖引玉得到更多专业以及非专业人士来共同关注，保护人类珍贵的建筑遗产。

　　我国有着五千年悠久的历史，我们国家的建筑遗产及其环境虽然遭受了很大的破坏，在实际工作中，仍然还有很多历史的信息我们有责任去挖掘，绝不能局限于我国尚待完善的文物保护的法律法规。所以借用吴良镛先生对遗产保护所说的"我们要永不言晚"与大家共勉。

目　录

第 1 章

绪论

1.1 缘起

对建筑遗产的关注要从故乡常州旧宅及周围环境的变化说起。在我的记忆中，家乡就是：一条静静的运河，两旁枕着无数的人家，狭窄弯曲的弄堂，古旧的石板路，街道两边的杂货铺，爷爷喝茶的茶楼，运河两旁洗衣淘米的妇女……一切都构成了所有对故乡温馨美好的回忆。

然而现在这一切都已不存在了，图1-1是印象中旧宅附近的平面图，图1-2、图1-3是十年前拍摄的、家中仅存的故乡旧宅周围旧貌的照片，常州市政府为了"全方位展示常州的悠久历史和无

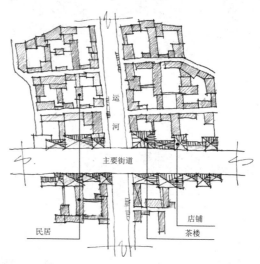

图 1-1 印象中旧宅附近的平面图

图 1-2 故乡旧宅周围旧貌 1

图1-3 故乡旧宅周围
旧貌2

限生机，提高常州在全国的知名度和文化地位，发展常州的旅游
业，为申报国家级历史文化名城准备必要的条件，为创建特大城
市增添亮丽重彩的一笔"[1]，拆除了这一带所有的房屋，进行了西
瀛门城墙的修复工程，"修复后的西瀛门城墙将集观光、旅游、休
闲、绿化于一体"，几代人心中对故乡的记忆就这样被打着"恢复
历史风貌"的招牌给抹去了。图1-4～图1-7为故乡旧宅拆除后，
恢复修建的西瀛门城墙及其周围绿地。

　　故乡的房屋、街道有着亲切宜人的尺度，也绝对称不上危
房，虽然够不上文物的级别，但年代至少可以追溯到辛亥革命时
期，而城墙当然有着更长时间的文字追溯和"文物"噱头，它们

❶ 引自http://www.jscnt.
gov.cn，2005-12-01，
11：26：31，江苏文
化周讯，总第117期。

图1-4 茶楼拆除后现状

图1-5 故乡旧宅拆除后现状

图1-6 恢复修建的西瀛门城墙1

图1-7 恢复修建的西瀛门城墙2

虽然是相伴而生的，但在当地政府的心中就自然做了价值取舍，把城墙当作文物，进行恢复重建，把几代人生长于斯的房屋当作垃圾给推平了，变成城墙的绿色背景，且不说这种文物保护的手法正确与否，单就环境来说，不知是否和政府大力宣传的明初诗人浦源的《西城晚眺》："管柳犹遮旧女墙，角声孤起送斜阳，英雄百战成廖落，吴楚平分自渺茫，寒烟带愁离塞远，暮江流恨入云长"的意境相映成趣，是否能体现城墙和周围房屋历来唇齿相依、既破坏又保护的关系。全国各地像这样的事件也是数不胜数，据有关资料显示，从1985～1999年全国一共建了1000余个人工景点和假古董的"××一条街"，95%失败，没有效益。

建筑遗产是人类共同的财富，但随着社会的发展，文化和文化遗产正日益受到不同程度的毁坏，这里面不仅有其传统的原因，也是由于社会和经济生活的演进所造成的。保护建筑遗产一方面已成为全社会相当普遍的舆论和城市各级政府必要的政绩体现，但是另一方面对建筑遗产的破坏也是相当普遍的，从原来单纯的破坏行为到现在建设性的破坏，以致有些学者说是"空前重视，空前破坏"，所以保护我国珍贵的建筑遗产已成为当务之急。

现在，我国建筑遗产的保护起步虽然较晚，但却日益受到社会的关注。人们对保护建筑遗产的意识也逐步提高，就建筑物来讲，从开始保护宫殿、府邸、教堂、寺庙等建筑精品，后来扩展到民居、作坊、酒馆等见证平民生活的一般建筑物；从单个文物古迹发展到保护周边环境，以至成片的历史街区，甚至整个城市。随着保护的力度不断加强，建筑遗产外部环境也逐渐受到重视，特别是近几年来，北京皇城根遗址公园、明城墙遗址公园、菖蒲河公园、元大都遗址公园等大量作品不断涌现，尤其是在上海又出现了新天地、苏州河两岸工业建筑等历史建筑和环境再利用的案例，更是对这一课题研究范围和方法的一种探索。虽然近几年来，有关城市历史风貌的保护、城市更新、历史建筑的再利用等方面的研究很多，但针对建筑遗产环境设计的研究却很少，造成专业人员只有处心积虑地寻找大量历史资料，构成各种符号、雕塑堆砌在设计场地中，造成设计水平良莠不齐。

就我个人来说，对这一问题的认识也有一个时间过程，当初北京皇城根遗址公园亮相后，园林界一片叫好，各个基层部门纷纷组织参观学习，设计人员参观后大都叹为观止，不禁夸赞公园里充足的投资、娴熟的植物配置、精妙的小品设计、良好的施工质量……作为公园来讲，一切都那么完美。等到元大都遗址公

图 1-8 元大都遗址公
园内铜质雕塑

图 1-9 金融街绿地铜
质雕塑

园、宣武会馆、王府井大街改造等诸多相关项目的相继面世，才
对众多相似的表现手法、到处泛滥的铜质雕塑产生了疑问（图
1-8～图 1-15）。

图 1-10 王府井步行
街内铜质雕塑

图 1-11 皇城根遗址
公园内铜质雕塑

图 1-12 花团锦簇的
菖蒲河公园

现在普遍存在的问题是，在建筑遗产的环境设计中，把政府重视程度与投资和设计内容的多少、材料工艺的豪华程度挂上钩来，设计就是要做出点"东西"来，至少在这些涌现出的作品中，它们和普通绿地相比，除了建筑遗产本身和环境投资的豪华性，它们的历史感和特殊性到底体现出多少呢？难道仅靠设计人员"设计"的雕塑和小品就能体现历史和回忆吗？这些"设计"出来的"传统"是历史的延续吗？其结果是越设计离正确的方向越远，更严重的是这些"豪华"作品往往是政府的示范工程，所带来的广泛的参观学习对后继者的影响更是令人深思的，正因为如此，我把建筑遗产的环境设计作为研究的主要方向。

图 1-13 元大都遗址
公园鸟瞰

图 1-14 皇城根遗址
公园精巧的植物配置

图 1-15 皇城根遗址
公园茶室

1.2 释题

  对书中使用的一些概念需要做一些基本的界定和说明，但从
文献和各种研究中，我们也看到，要对这些概念做非常明确的界
定是很困难的。尤其是中文语意模糊的特点，更加重了理解上的
不统一。然而，研究问题的目的，还是要解决问题。从理解的角

度出发，笔者试图从最开始就将对问题的理解先行自我梳理，以便能更好地帮助自身，提高对问题的认识能力和水平，如果还能对他人稍有裨益，笔者会倍感欣慰。

1.2.1　关于建筑遗产及建筑遗产环境的理解

在使用建筑遗产这一概念之前，笔者也对文物、文物建筑、历史建筑、历史街区、历史文化遗产、历史风貌、纪念物等众多概念进行对比、分析和研究。这些概念，包括"建筑遗产"自身，似乎都很难由一个统一的概念来涵盖研究的全部内容。各种遗产，从空间到形式、到时间上都有相互重叠的可能和现象。研究分析中经常看到，风景区中含有文物，文物与建筑合为一体，建筑与雕塑相连等等。笔者在本书中又比较倾向于将普通的、广泛分布的、尚未列入文保名录的、易于丢失和损毁的遗产作为分析、讨论和研究的重点。这时，建筑遗产占据了绝大部分的内容，而其他如文物、历史文化、历史风貌等往往以建筑作为载体；历史街区当然也主要由建筑构成其主体。因此，由"建筑遗产"为基本概念，而将其所表述的内容适当扩大，就成为笔者研究对象的基本选择。

文中，建筑遗产主要用来描述历史上存留的各类建筑，包括古代的和近现代的，有很高历史价值的，以及普通的一般价值的。同时，各类构筑物和雕塑群，如城墙、石窟等也作为建筑遗产的描述对象。当然，在少量情况下，也将风景区作为暂时的建筑遗产的内容。总之，作者在书中只是将各类历史上遗留的、有价值的实体空间，以一个统一的名词"建筑遗产"暂且名之，以议论的形式叙述和展开。

以下顺理成章的，建筑遗产环境主要是指上述实体空间的外部环境。因此，有一个特殊性需要阐明：此时环境的范围是不明确的；构成环境的内容，从时间角度上讲，也是不确定的，有时与建筑遗产主体的年代并不一致，但这并不影响历史信息的传递。而风景区，其外部环境主要是指风景区的保护范围，因此，从范围上讲是明确的。

1.2.2　关于建筑遗产环境的保护还是设计问题的理解

如果仅谈建筑遗产，毫无疑问，保护还是设计根本不成问题。对于建筑遗产的保护和修复，是一般专家和学者都应了解和接受的问题，甚至一般老百姓也能理解，但涉及建筑遗产的环境问题，显然就不那么简单了。从理想状态和长远来讲，比较完整地保存和保护建筑遗产及其环境无疑是正确的，但是具体到现实中来，我们会面临下面几个基本问题。

第一，对建筑遗产的保护已成问题，随着城市建设的发展，建筑遗产的范围已日渐缩水，北京修建一条平安大道，多少建筑遗产跟着遭殃，建筑遗产的外部环境往往更被视而不见，很难提上议事日程，从此角度讲，合理的设计（包括规划）是保护的前提条件。

第二，建筑遗产往往从空间和时间上是明确的，取舍问题不太突出，主要面临的是保护和修复的问题；而建筑遗产环境从空间和范围讲，一般不太确定，其内容也会随时间和地点的不同而留下不同时期的烙印，因此就存在取舍和设计问题。此时，正确的设计、抓取合理的历史信息往往是对环境最好的保护。

第三，有一些建筑遗产的外部环境交到设计师手中，而又被轻易地忽略掉。最典型的当属北京西便门明城墙的改造工程，城墙的改造和修复过程中已有很多不尽人意之处，笔者曾亲眼看见推土机开上了城墙，大部分城墙被"整旧如新"，对于环境的处理简化为草坪、大树和花带，历史信息荡然无存，城墙周边复杂丰富的变迁史没有了，曾经为此举办的设计竞赛结果被弃之不用。可见合理的设计是保护历史信息的前提。

第四，如果遗产本身就是一般意义上的环境，问题是否会好一点呢？从北京元大都遗址公园来看，问题显得更为复杂。这些"到了"设计师手上的"遗产"或"环境"，根本无法得到有效的保护，甚至不能得到很好的设计。这其中有决策层的问题，有普通百姓的需要和欣赏力的问题，也有经济的或城市建设发展的问题。那么有无设计师自身的问题呢？答案显然是肯定的，此时，更凸显设计之于保护环境的重要。笔者在这里，无望也无力去解决上面所有的问题，而只试图解决自己的问题，即设计师自身的问题，试图以此为出发点，能够有利于其他问题的逐步解决，这也是最良好的愿望和最基本的出发点。因此，本书是针对建筑遗产环境这一特定的内容而使用了设计的概念，因为此时，设计与保护的目标是一致的。

第 2 章

建筑遗产的环境设计研究的相关概念

2.1　相关概念释义

2.1.1　文物、文物保护单位和文物建筑

文物（antique 或cultural relics）：尽管1982年通过的《中华人民共和国文物保护法》对之无法律性的定义，但一般认为："文物一词是人类社会活动历史发展过程中遗留下来的，由人类创造或者与人类活动有关的一切有价值的物质遗存的总称"。[1]并且在第二条中对保护文物的范围作了明确规定：在中华人民共和国境内，下列具有历史、艺术、科学价值的文物，受国家保护：

（1）具有历史、艺术、科学价值的古文化遗址、古墓葬、古建筑、石窟寺和石刻；

（2）与重大历史事件、革命运动和著名人物有关的，具有重要纪念意义、教育意义和史料价值的建筑物、遗址、纪念物；

（3）历史上各时代珍贵的艺术品、工艺美术品；

（4）重要的革命文献资料以及具有历史、艺术、科学价值的手稿、古旧图书资料等；

（5）反映历史上各时代、各民族社会制度、社会生产、社会生活的代表性实物。

文物保护单位（the state protected monuments）：1961年3月14日，国务院颁布《文物保护管理暂行条例》，公布首批全国重点文物保护单位，实施了以命名"文物保护单位"来保护文物古迹的制度。我国1982年的《文物保护法》第七条规定：革命遗址、纪念建筑物、古文化遗址、古墓葬、古建筑、石窟寺、石刻等文物，应当根据它们的历史、艺术、科学价值，分别确定为不同级别的文物保护单位。文物保护单位实际上是指不可移动、需要原地保存的文物，特指上述受保护的文物范围内的一、二两类，对不可移动文物进行分级分类管理，是我国文化遗产管理的重要方式。我国的重点文物保护单位分为三级：国家级、省（市、自治区）级和县级。根据相关法律规定，国家重点文物保护单位不得被损坏和拆除，如果要对其进行迁移、维修、重建或用作其他用途，必须报请国务院批准。

文物建筑：文物建筑首先是文物，其次才是建筑，是指被我国官方法律认同的那部分建筑遗产。

2.1.2　历史性建筑（historic building）

"historic"本身有双重词义，首先是指有重要历史意义与影

❶　谢辰生，文物，中国大百科全书（文物・博物馆卷），北京：中国大百科全书出版社，1993年版，第2卷。

响的，用于形容那些因与历史事件或人物有联系而十分有名的事物。其次该词也指历史的，有关历史的（不管是否具有重大历史意义和影响），在这种用法上，"historic"与"historical"是一样的。在建筑保护早期，人们必然关注的是珍宝型的建筑遗产，此时"historic building"与"monuments"有很大的相同点，因此"historic building"比较正式的通用称谓是"historic monuments"。1964年的《威尼斯宪章》指出：历史文物建筑（historic monuments）的概念不仅包括单个建筑物（architectural work），而且包括能从中找出一种独特的文明、一种有意义的发展或一个历史事件见证的城市或乡村环境。这不仅适用于伟大的艺术作品，而且亦适用于由于时光流逝而获得文化意义的过去比较不重要的作品。20世纪60年代以后，越来越多的一般化老建筑也被认为是值得保护的建筑遗产，"historic building"的内涵和外延迅速扩展。"historic"已不再专指具有重大历史价值和意义，而泛指具有一定历史文化性。"historic building"也由此更多具有了"historical building"（老房子）的含义。有的学者在研究中认为历史性建筑就是有一定历史文化性，具有内部功能空间，即仍可称为通常意义上"房子"（building）的那部分建筑遗产。❶

❶ 陆地，建筑的生与死——历史性建筑再利用研究，南京：东南大学出版社，2004年版，第1卷，第15页。

2.1.3　建筑遗产（architectural heritage）

"建筑"是指广泛意义上的建筑，"遗产"的意义据《辞海》（缩印本）1980年8月第一版释为："（1）死者留下的财产，包括财物和权。（2）历史上遗留下来的精神财富。"建筑遗产的类型与范围是极为多样的，总指历史上遗留下来的一切有价值的建筑物（building）和构筑物（construction）。它不仅在内容上包含上述历史性建筑的含义，而且也包括各种遗址、牌坊、城墙等没有内部功能的建筑遗产，在时间上也较为宽泛，包括历史各个时期。建筑遗产尽管是一个从未被精确定义过的概念，我对此的理解也许也是有争议的，为了方便研究，更好地阐明主题，还是选择了这个比较广义的概念。

2.1.4　环境（environment）

"环境"一词在英文中是"environment"，它是由动词"environ"延伸而来。英文中的"environ"源于法语中的"environner"和"environ"。法语中的这两个词源于拉丁语中的"in（en）"加"circle（viron）"。这些词的含义都是"包围"、

"环绕"的意思，可见"环境"一词是个相对的概念，一般是指围绕某个中心事物的外部世界。中心事物不同，环境的概念也就随之不同，因此它的含义十分广泛，其在不同的领域里就有着不同的侧重点，而与本书有关的环境概念主要是指围绕建筑遗产的外部空间。

2.1.5　保存和保护概念（preservation and conservation）

保存和保护的概念是遗产保护领域中极为重要的概念。

英国学者 W. 鲍尔认为：所谓保存（preservation）是指对建筑物或建筑群保持它们原来的样子，而保护（conservation）主要是指在保持其原有特点的基础和规模的条件下，可以对它作些修改、重建或使其现代化。

日本环境保护领域中保存（preservation）有"冻结现状"的含义，保护（conservation）为"积极地守护现有的东西"。

参照我国国家标准《城市规划基本术语标准》给出相关术语的定义中，保存（preservation）一般指对各级重点文物保护单位应根据相关法规和技术规范，不允许改变文物的原状，含改建和拆建。保护（conservation）一般指对历史街区、历史建筑和传统民居等文化遗产及其景观环境的改善、修复和控制。可见，在建筑遗产的环境设计中体现的主要是保护的概念。

2.2　建筑遗产概念的外延

从当今世界各国对建筑遗产的发展情况来看，无论在广度还是深度上，都在不断地扩展和深化，内容也在不断地增添和丰富，具体体现在：

2.2.1　研究对象在法规角度上的外延

过去只有在历史上占有重要地位的伟大建筑作品才能得到考虑。而现在，许多由于时光的流逝而获得文化意义的普通建筑，各历史时期的构造物及能作为社会、经济发展的见证物的对象也被列入保护范围。尽管如此，我们也应该清楚地认识到，由于观念和经济发展水平的限制，我国被保护的建筑遗产的范围和数量都是很狭窄的，大量"普通的"建筑遗产得不到法律的保护。在这种情况下，更需要设计师有敏锐的眼光去发掘和保护我国珍贵的文化遗产，所以本研究中的建筑遗产是法规限定基础之上的外延，包含大量非文物性的建筑遗产。

2.2.2　研究对象在时间角度上的外延

时间是建筑遗产中的一个重要因素，就像考古学和历史学都属"时间"的科学，很多现在被我们认为无价值的东西，会随着时间的流逝而日益显现出它们的文化价值。所谓"古不考'三代'以下"的观念，早已跟不上时代发展的步伐。由此，本研究中的建筑遗产既包括有千百年历史的古建筑，又包括某些近代建筑遗产。

2.2.3　研究对象在研究需要角度上的外延

本书写作的根本目的就是在专业领域内，从设计师的角度，不遗余力地传承我国珍贵的历史遗产，所涉及的环境问题的本体大部分是广义的建筑，但在研究的过程中，又不可避免地涉及一些风景区、石窟等非建筑因素，将这部分内容也包括进研究范围，主要是由于传承我国历史文化的紧迫性与现实情况的严峻性所带来的强烈冲击而产生的需要。

2.3　建筑遗产的环境

这里的"环境"是指建筑遗产周边的环境，它的意义不仅仅只是建筑遗产的外部空间，国际古迹遗址理事会第15届大会在2005年中国西安通过的《西安宣言——保护历史建筑、古遗址和历史地区的环境》在导言中指出："注意到联合国教科文组织的公约和建议中关于'环境'的概念，如《关于保护景观和遗址的风貌与特性的建议》（1962年）、《关于保护受到公共或私人工程危害的文化财产的建议》（1968年）、《关于历史地区的保护及其当代作用的建议》（1976年）、《保护非物质文化遗产公约》（2003年），尤其是《保护世界文化和自然遗产公约》（1972年）及其实施指南。在这些文件中，'环境'被认为是体现真实性的一部分，并需要通过建立缓冲地带加以保护，这也为国际古迹遗址理事会、联合国教科文组织以及其他合作伙伴之间的国际和跨学科合作，为诸如《维也纳备忘录》（2005年）中提到的关于历史城镇景观的真实性或保护等课题的进展，提供了持续不断的机会。"同时《西安宣言》中将"环境"界定为：直接的和扩展的环境，即作为或构成其重要性和独特性的组成部分。除实体和视觉方面的含义外，环境还包括与自然环境之间的相互作用；过去的或现在的社会和精

神活动、习俗、传统认知和创造并形成了环境空间中的其他形式
的非物质文化遗产，他们创造并形成了环境空间以及当前动态的
文化、社会、经济背景。

2.4　建筑遗产环境的重要作用

2.4.1　更有效地保护建筑遗产

现代城市建设的快速发展，对建筑遗产产生了极大的不可避
免的影响，这些影响相当多的部分是负面的。建筑遗产的环境的
设立可以形成一个缓冲地带，使建筑遗产所携带的文化价值得以
更好地体现，使建筑遗产与新的城市建设项目协调发展，和谐共
存，创造良好的视线、序列、气氛及整体格局。这是环境对遗产
的影响比较容易理解的方面，也是目前经常被使用的方面。

2.4.2　更加真实全面地保护并延续建筑遗产的历史信息

建筑遗产的历史环境也饱含历史信息，它们与建筑遗产具有
同样的价值，可以体现建筑遗产的地位、功能和作用，可以让人
们认识建筑遗产原来的设计匠心和艺术效果，同时进一步提示这
里发生的历史事件的细节，提示历史上的位置坐标，表达它在历
史长河中的演化过程。这种信息有时候被认为是"正"向的，而
乐于被人们接受；当被认为是不利的或负面的，则毫不犹豫地去
除。但历史本不应该被人为划分为正、负、好、坏，历史的信息
理应被尽可能多地延续和保存下来。

2.4.3　城市建筑与环境是分不开的

正如一些学者所指出的："城市形成环境"，"时时都在向人们
传递着丰富的历史文化内涵"。"城市历史的保护就是要使这些历
史文化内涵延续，并且让子孙后代知道先民的生活习俗及奋斗经
历。历史建筑和历史景观在城市中扮演着重要角色"，"它的存在
使城市的发展具有连贯性，使民众对传统文化有更深层的认识和
理解"。

2.4.4　环境有时正是遗产的组成，甚至就是遗产本身

例如元大都遗址本身就是和环境融为一体的，很难将两者区
分开来。但现在对于这类位于城市中和环境融为一体的建筑遗
产，很容易被处理成为城市带状"公园"——普通意义上的公园，

在某种程度上构成了对遗产的破坏。

2.4.5 更好地将保护与利用结合起来

同时我们也应认识到仅仅做到保护好建筑遗产和历史信息的真实传达还是不够的，我们的保护不是"死"保护，而是要延年益寿，使建筑遗产不至于在现代社会经济文化生活中渐渐衰败。正如我国著名的收藏家马未都所说："从一定意义上说，保护是为了更好地利用。恰当的利用，不仅不会妨碍保护而且利于保护。"但说起来容易，"恰当"两个字实现起来是多么困难，也是本次研究的重点，通过建筑遗产环境的设计实现保护和发展的辩证统一，寻找遗产保护和现代生活的契合点，焕发其生命力。

2.5 建筑遗产的环境保护应该遵循的原则

目前，建筑遗产环境的保护并没有统一、明确的原则，我们希望通过对文物、建筑遗产保护原则的研究，引申到对其环境的保护原则中，更进一步地应用到建筑遗产的环境设计中来。当然，在建筑遗产的环境设计中，更重要的是对这些原则的理解和尊重，而不是，也不可能是教条地照搬。

真实性原则、完整性原则、可读性原则、可持续性原则起先的适用对象是欧洲文物古迹的保护与修复，自20世纪60年代起，真实性、完整性原则引入国际遗产保护领域中，是国际上定义、评估和监控文化遗产的基本因素。

2.5.1 真实性原则（authenticity）

1964年的《威尼斯宪章》奠定了真实性对国际遗产保护的意义，提出"将文化遗产真实地、完整地传下去是我们的责任"。1994年的《奈良真实性文件》继承《威尼斯宪章》的精神，并加以延伸，在日益全球化、同质化的世界里，厘清并阐明人类的集体记忆，其中第13款对"真实性"做出比较详细的解释："要想多方位地评价遗产的真实性，其先决条件是认识和理解遗产产生之初及其随后形成的特征，以及这些特征的意义和信息来源。真实性包括遗产的形式与设计、材料与实质、利用与作用、传统与技术、位置与环境、精神与感受，有关'真实性'详实信息的获得和利用，需要充分地了解某项具体的文化遗产独特的艺术、历史、社会和科学层面的价值"。文化遗产真实性的保持还在于，

❶ 联合国教科文组织大会第十七届会议于1972年11月16日在巴黎通过《保护世界文化和自然遗产公约》。

❷ 凡被推荐列入《世界文化遗产》的文化遗产，须符合下列一项或几项标准：（1）能代表一项独特的艺术或美学成就，构成一项创造性的天才杰作。（2）在相当一段时间或世界某一文化区域内，对于建筑艺术、文物性雕刻、园林和风景设计、相关的艺术或人类住区的发展已产生重大影响的。（3）独特、珍稀或历史悠久的。（4）构成某一类型结构的最富特色的例证，这一类型代表了文化、社会、艺术、科学、技术或工业的某项发展。（5）构成某一传统风格的建筑物、建筑方针或人类住区的典型例证，这些建筑或住区本身是脆弱的，或在不可逆转的社会文化、经济变动影响下已变得易于损坏。（6）与具有重大历史意义的思想、信仰、事件或人物有着十分重要的关系。——见联合国教科文组织大会第十七届会议于1972年11月16日在巴黎通过的《保护世界文化和自然遗产公约》。

"不同的文化和社会都包含着特定的形式和手段，它们以无形或有形的方式构成了某项遗产"。1997年的《实施世界遗产公约操作指南》对于世界遗产领域内的"真实性"做出了最初的解释，指出："列入《世界遗产名录》的文化遗产应符合《世界遗产公约》所说的具有突出的普遍价值的至少一项标准和真实性原则。"❶该指南被定期修订，原真性的内容，不仅在正文中加以调整，还以附件形式单列出来，反映出这一原则在遗产保护领域的重要意义。世界遗产委员会在《实施世界遗产公约操作指南》（第10版，1997）第24段指出："列入《世界遗产名录》的文化遗产应符合《世界遗产公约》所说的具有突出的普遍价值的至少一项标准和真实性原则。"❷每项被认定的项目都应"满足对其设计、材料、工艺或背景环境，以及个性和构成要素等方面的真实性的检验"。所以英国的历史保护专家Denek Linsfrum 曾说过："加固好于修整，修整好于恢复，恢复好于重建，重建好于装饰"，追求真实性就意味着追求真谛，这是历史文化遗产首要的、也是最重要的原则，这条原则不应屈服于任何开发压力、发展前景、经济利益和政府行为。

2.5.2　完整性原则（integrity）

"完整性"一词来源于拉丁词根，表示尚未被人扰动过的原初状态（intact and original condition）。在《实施世界遗产公约操作指南》中，完整性原则主要用于评价地质区域、原始森林或野生生物区等自然遗产。但事实上，随着世界遗产事业的发展，人们认识到文化遗产也需要完整性的评判，一是范围上的有形完整：建筑、城镇、工程或者考古遗址等应当尽可能保持自身组织和结构的完整，及其与所在环境的和谐；二是文化概念上的无形完整。

2.5.3　可读性原则（readability）

时代是在发展的，历史文化遗产也不是静止的，总会随着时代的发展而变化。任何遗产都会留下历史的印痕，我们可以直接读取它的"历史年轮"。可读性就是保存历史叠加物，使修复添加物与历史原物相区别，使得后人在历史遗存上可以读得出它的历史，承认不同时期留下的痕迹，不要按现代人的想法去抹杀它，不按个人的喜好和局限性随意地删减、添加。这同时也是保持设计和保护一致性反映在建筑遗产环境问题上的特殊性之一。

2.5.4　可持续性原则（sustainable principle）

可持续性常和发展连用，它的本意是指既满足现代人的需求也不损害后代人满足需求的能力。❶《实施世界遗产公约操作指南》指出，世界遗产地的利用必须确保生态或文化的可持续性，确保利用不会对遗产地的杰出价值、完整性或真实性产生有害影响。现代遗产保护不是标本式保护，更强调保护并使用，而在科学利用的每一个环节，都考验着每一个操作者的观念和意识。我们应该清楚遗产保护的意义不是在于遗产的某个阶段或某个发展点上，而是在于历史的延续性。因为任何物质性的东西都有从产生到消亡的过程，可持续性表明历史文化遗产保护的意义不仅在于物质，更重要的在于遗产所传递的历史信息的代代相传。

　　由此可见，以上四条原则最初起源于历史文物建筑的保护和修复，应用对象主要针对文物建筑和历史文化遗产。我国的遗产保护分为三个层次：文物保护单位、历史文化街区和历史文化名城，针对不同的保护对象，应采取不同的方法，才能达到保护的目的，才能具有可操作性，完全遵循上述原则不太现实。建筑遗产环境设计本应也遵循上述原则，但鉴于建筑遗产的环境情况多样，有些位于文物保护范围之内；有些属于历史文化街区；有些是历史文化名城中的片断；更有些位于《文物保护法》规定的文物保护范围之外的"建设控制地带"。属于文物保护范围之内的环境，应严格遵守以上原则。属于历史文化街区的，要使设计内容符合整体的风貌，可称"原貌保护"；属于历史文化名城中非文物古迹、非历史地段的环境，只求延续风貌特色，可称"风貌保护"。上述两个层次中的环境设计中，由于这两个层次更强调保护和延续区域内人的生活，所以应允许根据不同的情况，在应用上述原则的严格性上有所松动，强调整体风貌。而属于《文物保护法》规定的文物保护范围之外的"建设控制地带"的环境，目的是为了配合体现遗产主体的价值，保证历史信息不受干扰，但是一是由于这一地带的实际情况更为复杂，二是由于"控制"的只是新建筑，如何设计和建设更多靠决策人员、规划设计人员的自觉意识。所以完全遵循上诉原则有一定条件限制和操作难度。但追求遵循上述原则理应是人类追求的理想，并尽可能地逐步实施。

❶　引于1987年世界环境与发展委员会在《我们共同的未来》报告中提出的概念。

2.5.5　保存信息原则（principle of information conservation at best）

作者增加这一原则，是出于对目前建筑遗产环境保护和设计中出现问题的认识，目的是希望在可能的范围内，尽可能地对历史信息加以保护，从而在更大限度上达到保护和传承历史的目的，这同时也是保持设计和保护一致性在建筑遗产环境问题上的特殊性的反映之一。这一点可能是与建筑遗产保护的不同点。

第3章

国外建筑遗产和环境保护的
发展历程、法律保护制度和
相关国际宪章

在今后很长一段时间内，对建筑遗产环境设计和保护所遵循的法律、法规等保障体制，可能都必须依赖或参照建筑遗产保护的法律、法规等。因此，有必要对此进行研究、比较和简单地归纳，以利于问题的展开和深入。

建筑遗产保护的各项法规、制度，是保护各层次建筑遗产有力的法律依据，也是我们在进行分析和设计中的重要依据。现代意义上的历史文化遗产保护思想和活动，起源于欧洲，并最先影响到美国、日本等国，此后才随着全球化波及了世界各国，并逐渐形成了世界性的保护历史文化遗产的共识。国外遗产保护的成功经验，值得我们借鉴和学习。一些国家，如法国，早在1943年即通过了《纪念物周边环境法》，美国这样一个"年轻"的国家，对历史和遗产的保护也非常重视，对比我们国家，不得不承认是一种巨大的反差，值得认真研究和学习。特别是作为专业人员，在国家法律保护制度不健全的情况下，更应该在可能的范围内，参考这些国家的先进经验，自觉地做出有益的实践。这就更需要对先进国家遗产保护的发展历程有一个全面的了解，使我们少走弯路，用正确的方法去保护我们珍贵的建筑遗产。

3.1 法国建筑遗产及环境保护的法规制度

3.1.1 欧洲国家文物建筑保护的缘起

古代欧洲也出现过把前朝建设的建筑和城市加以毁灭性破坏的现象，罗马帝国摧毁希腊的城市和宫殿，中世纪十字军东征时，沿途破坏掠烧，所到之处全成瓦砾废墟。到近代，一批古建筑及其环境在工业化浪潮中遭到毁灭。在经过了许多的教训和挫折之后，人们才逐渐认识到了历史建筑具有的种种不可替代的价值和作用，现代意义上通过国家立法确定下来的文物保护大约始于19世纪中叶。法国就是最早的一个。

3.1.2 法国建筑遗产及环境保护法规制度发展的简要历程

1840年法国在梅里美领导下，开始对历史建筑进行登录保护，首批保护建筑567栋，这是欧洲最早的一份历史建筑登录名单。1887年通过了第一部《纪念物保护法》，首次规定保护文物建筑是公共事业，政府应该干预。1913年颁布了《历史纪念物法》，规定列入保护名录的建筑不得拆毁，维修要在"国家建筑师"的指导下进行，并由政府资助一部分维修费用，此法一直影响至今。1943年，通过的《纪念物周边环境法》规定在文物建筑周围500m半径范围内划定保护区，区内建筑的拆除、维修、新建，都要经过"国家建筑师"的审查，要经过城市政府批准。1962年颁布的《马尔罗法》确立了保护历史街区的新概念。1983年又立法设立《建筑、城市、风景遗产保护法》（简称《风景法》），将保护范围扩大到文化遗产和自然景观相关的地区，表明国家对整片的包括建筑群、自然风景、田园风光等广义的遗产开始实行区域性保护。法国历史环境发展简要历程可见表3-1。

法国历史环境发展简要历程表（2000年数据）　　　表3-1

时间	法律	保护对象	成果	备注
1913	《历史纪念物法》	历史建筑、文物、纪念物等	40000处	分列级和登录两类
1930	《景观地保护法》	自然风景名胜地	列级风景名胜地2660处 登录风景名胜地5075处	1995年数据
1943	《纪念物周边环境法》	纪念物500m范围内	总面积达300万hm²	
1962	《马尔罗法》	历史地区	91处，面积6000hm²	
1983	《风景法》	建筑、城市、风景保护区	277处，面积19000hm²	划入风景保护区后取代500m半径保护和登录风景名胜地

资料来源：张松，《历史城市保护学导论》[M].上海：上海科学技术出版社，2001：144。

3.1.3　法国建筑遗产保护法规制度中对建筑遗产环境保护的相关内容

1913年颁布的《历史纪念物法》中，已经提到了有必要对历史建筑周围的环境进行特殊处理，以突出、协调以法律名义受到保护的历史建筑。但由于没有具体的范围和措施，保护的意义受到了限制。

在1943年通过的《纪念物周边环境法》中，一旦某个"文物建筑"被确定，在其周边便自动生成500m为半径、约78.5hm^{2}面积的保护范围，具体保护的措施有：（1）严格控制此区域内的一切建设活动；（2）修复与文物建筑紧邻的建筑；（3）保存围绕文物建筑的街道广场的空间特性（街道小品、地面铺装、街道照明等）；（4）保护文物建筑周围的自然环境（树木、栽植、草坪等）。

1962年颁布的《马尔罗法》中设立了"保护区"制度，主要是通过编制保护区规划，界定和保护需要保护和整治的城市要素来实现的。建筑遗产的环境因素也是这些要素的一部分，主要归类为绿地和通道，界定的被保护的对象有："属于历史建筑的地面"、"现有的公共绿化空间"、"现有树木"以及"必须保留或将被留作步行的通道"等。同时也确定了新要素的介入范围，例如"将被种植绿化的建筑庭院"、"将被种植的树木"、"预留作为公共绿化空间的场地"、"预留作为公共设施的场地"以及"将被开通的通道"等，并以统一的图例在图上清楚标明。

1983年的《风景法》首先调整了历史建筑周边环境的概念，为每一个历史建筑限定一个适合其本身特征的保护范围。其次它的保护方法也是通过界定和保护需要保护和整治的城市要素来实现的，但保护区的规划是一种强制性的规划，对建设方式有严格的规定；而《风景法》规划是一种引导性规划，它的规定性较弱，建议性较强。建筑遗产的环境因素可以归入景观和空间一类，界定的被保护的对象有"具有特征的城市空间"、"景观视线"、"重要的城市要素"等。在以统一的图例在图上清楚标明的同时，规划说明书中还有阐明了在以后的建设活动中针对每一种要素应遵循的原则。

3.1.4　法国建筑遗产保护法规制度中特别值得借鉴的特色

法国拥有丰富的遗产类型和完善的法律保护制度，所取得的成绩也是世界有目共睹的。去过巴黎的人都会被它迷人的城市面貌所打动，通过观看环法自行车的转播，我们欣赏到了法国乡村如画的美景……正是由于对各层次的遗产保护类型都有细致深入的研究和行之有效的保护方法，在强调城市整体性特色方面，法国无疑是欧洲建筑遗产保护的成功典范（图3-1、图3-2）。

3.2　美国建筑遗产及环境保护的法规制度

3.2.1　美国文物建筑保护的缘起

美国早期的历史保护是和爱国主义有关的。美国是一个移民社会，需要用它的历史、它的古迹来团结人民。同时，美国是在一个格言"一来自多"（out of many, one）上建立起来的国家，这是一个"熔炉"理论——一个熔在一起的均衡的国家，来自很多民族、很多观点、很多活动特点。但这个熔炉不是指将所有东西熔化，多样性而不千篇一律是美国建筑遗产的特点。

3.2.2　美国建筑遗产保护法规制度发展简要历程

（1）1920年以前，主要以单体建筑的保存为主，为维护文物建筑（monument）的景观，对周围建筑的高度实行控制。主要有1906年《古物保护法》、1916年《文物法》。

（2）20世纪30年代至60年代前半期开始建立历史建筑登录制度，同时也开始进行历史环境保护，各地方政府开始制定保护条例。主要有1935年《历史地段与历史建筑法》、1931年《查尔斯顿老城及历史地区区划条例》。

图 3-1　法国城市、乡村整体性的保护（图片来源：图 3-1、图 3-2 均引自周俭、张恺著，《在城市上建造城市——法国历史文化遗产保护》，第37页）

图 3-2　法国传统小镇

（3）国际上保护历史地段的做法始于20世纪60年代,美国虽然历史很短,但在这方面毫不落后。1966年产生了美国历史环境保护的主要法律依据《国家历史保护法》,1970年产生了保护自然环境和文化环境的《国家环境政策法》。

3.2.3　美国建筑遗产保护法规制度中对建筑遗产的环境保护的相关内容

美国是一个通过区划法（zoning）来进行城市管理的国家,地方历史地段的控制规划也是由地方政府实行的,在全国并无统一规定,同时也不是由《国家历史保护法》规定的保护项目。国家方面主要依靠国家登录制度对建筑遗产的文化价值进行认定,并给予保护。在建筑遗产的环境保护方面大致上有以下几项措施:

（1）对一些建筑遗产较为集中的地段,采取整体保护的措施。例如为了集中管理和保护费城的历史遗迹,在20世纪50年代初期,就建立了"国家独立历史公园",将十几条街上许多具有革命纪念意义的建筑和文物都划归在内（图3-3）。

（2）对于那些因城市功能分区等的改变而弃置不用的建筑遗产,成组地进行综合治理,使之物有新用,例如西雅图煤气厂公园（图3-4）。

图3-3 美国国家独立历史公园（图片来源: www.packyourgear.com/New York）

3.2.4 美国建筑遗产保护法规制度中特别值得借鉴的特色

1. 对"历史"的理解

美国的历史虽短,但十分珍惜自己的历史文物,重视建筑遗产和古城的保护。《国家历史保护法》中对历史环境进行保护的重要手段是历史性场所的国家登录制度,规定:"在美国的历史、建筑、考古、工程技术及文化方面有重要意义,在场所、设计、环境、材料、工艺、氛围以及关联性上具有完整性的历史地段(districts)、史迹(sites)、建筑物(buildings)、构筑物(structures)、物件(objects),有50年历史以上者并具备一定条件的均可以登录。"❶建筑物历史不足50年,若能提供证明其价值的充分理由,仍可以登录。

例如许多人认为,国际化大都市纽约是完全现代化的。其实不然,纽约依照历史保护条例制定的保护对象包括:有30年以上历史的建筑等单体目标1027项,历史地区74处,有30年以上历史、一般市民可以自由出入的建筑室内102处、历史景观9处。正如纽约市长所言:"你们会发现纽约市有丰富的建筑遗产宝藏,使人感觉到城市与过去相连……纽约的确很幸运,因为我们现在有完整的法律,使这些建筑物能保留下来,真实地立在那里,作为我们祖先及人类一贯伟大、有毅力、有创造性的见证。多年后,城市其他的地方改变了,有的空地盖满了,但这些史迹却永远历久弥新。"❷难怪日本东京大学研究欧美历史保护问题的专家西村幸夫教授告诫道:"没有多长历史的美国都市中,古旧建筑保存良

图 3-4 美国西雅图煤气厂公园(图片来源:www. Boucart.com/usa/pacific.html)

❶ 所具备条件是:(1)与重大历史事件有关联;(2)与历史上杰出人物的生活有关联;(3)体现着某一类型、某一时期或某种建设方法的独特个性的作品,或大师的代表作,或具有较高艺术价值的作品,或具有集体价值的一般作品;(4)从中已找到或可能会发现史前或历史上的重要信息。——张松,《历史城市保护学导论》,上海:上海科学技术出版社,2001年版,第223页。

❷ 转引自马以工,历史建筑,台北:北屋出版公司,1983年版。

❶ 西村幸夫，《历史的环境保全》，第2页。

好；而历史悠久的日本都市中，传统建筑群已被大量的摩天大楼所掩盖。❶"而中国又何尝不是这样呢（图3-5）！

图 3-5 中国被高层建筑包围的历史文化保护区（图片来源：邵勇．理想空间——城市遗产研究与保护[M].上海：同济大学出版社，2004）

2. 美国在对遗产保护的财政支持上走在了世界的前列

美国的国家遗产保护制度同欧洲国家相比，缺乏严格的管理控制措施，主要是通过经济和税收的优惠政策来实现。但只靠财政资助是不能把遗产保护工作搞好的，所以在1978年最高法院裁决大中央车站的诉讼后，美国各地陆续成立了大批古迹保护委员会，在有关项目建设时，来对建筑遗产进行最直接、最有效的审查管理。

3.3　日本建筑遗产保护的法规制度

3.3.1　日本文物建筑保护的缘起

❷ 文化财：日语中"文化财"一词是英语cultural property的直译，包括五类：有形文化财、无形文化财、民俗文化财、纪念物和传统建造物群。

明治以来，日本的文化财❷至少受到了4次大破坏，日本文化遗产保护的出发点是对神社、寺庙的保护。

3.3.2　日本建筑遗产保护法规制度发展简要历程

1897年制定《古社寺保存法》。1919年制定《史迹、名胜、天然纪念物保存法》，将保护范围扩大到古坟、古城址、古园林及风景地。1929年制定《国宝保存法》。1952年综合以上三个法令为《文化财保护法》。1966年制定《古都保存法》，保护目标扩大到京都、奈良、镰仓等古都的历史风貌。1975年修订《文化财保护法》，增加了保护"传统建筑群"的内容。1996年又一次修订《文化财保护法》，导入文物登录制度，增加了地方政府的积极性。日本建筑遗产保护发展简要历程可见表3-2。

日本建筑遗产保护发展简要历程表　　　　　　表3-2

时间	法律	保护对象	主要内容
1897	《古社寺保护法》	神社、寺庙	社寺保存资金制度，"国宝"设立
1919	《古迹名胜天然纪念物保护法》	公园、风景名胜、自然遗产	古迹、名胜天然、纪念物的指定制度，现状变更许可制度
1929	《国宝保护法》	建造物、城郭等	保护对象扩大到包括个人产权的建造物、城郭建筑等
1950	《文化财保护法》	文化财全体	综合以上法令，确立了有关文化财指建造物、城郭建筑等定、管理、保护、利用、调查的制度体系
1966	《古都保护法》	古都内的历史风土保护	保护京都、奈良、镰仓等古都在内的历史风土的整体环境，保存地区的指定
1968	《文化财保护法》第二次修改	加强行政管理	设立文化厅
1975	《文化财保护法》第三次修改	历史地区、历史景观	创立传统建筑物群保存地区制度，在市町村条例或城市规划中确定历史地区
1996	《文化财保护法》	登录有形文化财	文化登录制度、委任地方权限促进重要文化财利用的措施

资料来源：张松. 历史城市保护学导论[M].上海：上海科学技术出版社，2001：213。

3.3.3　日本建筑遗产保护法规制度中特别值得借鉴的特色

1. 我国情况的相似性

同是亚洲城市，都有着人口密度高、人口向城市集中的特征，在急速的现代化和经济增长的过程中，城市的面貌发生了日新月异的变化。同时建筑遗产和我国也有着相似的地域性。日本通过法律制度的不断完善和文物等登录制度的确立，全国性的法律法规和各地方的历史文化遗产保护体系相配合，有效地保护了珍贵的建筑遗产。

2. 明确规定国家要对保护"历史风貌"给予财政补助

补助的资金用于：补助地方政府按照首相公布的"保护计划"所进行的保护设施的建设；用于补偿土地所有者因开发受限制而受到的损失；用于收买私人的土地，此项费用由中央政府出80%，地方政府负担20%。

3. 建筑遗产保护不仅包括物质文化遗产形式，还包括非物质文化遗产形式

不仅保护遗产的建筑形式、空间格局等的古韵古风，还配合文化习俗和价值理念，使人们年复一年沉浸于传统所带来的欢乐之中。这样也有利于使建筑遗产继续发挥原来的功用，而不光是为了旅游。

3.4 国际上有关建筑遗产及环境保护的国际宪章的发展和变化

3.4.1 国际上有关建筑遗产保护的国际宪章的发展历程

国际遗产保护运动都经历了一个由点到面的过程，并形成了国际上的广泛共识。1933年国际建协制定的《雅典宪章》，是第一个获国际公认的城市规划纲领性文件，《雅典宪章》专门论述了"有历史价值的建筑和地区"保护的意义和基本原则。

保护的对象从个体的文物建筑扩大到历史地段，是20世纪60年代以来国际上的新潮流，明确提出保护历史街区的是1964年5月通过的《威尼斯宪章》。它进一步扩大了历史建筑的概念，应包括"能够见证某种文明、某种有意义的发展或某种历史事件的城市或乡村环境"；不仅包括伟大的艺术品，也包括"由于时光流逝而获得文化意义的在过去比较不重要的作品"。文件说："保护一座文物建筑，意味着要适当地保护一个环境"，"一座文物建筑不可以从它所见证的历史和它所产生的环境中分离出来"。关于保护的原则和方法强调保护全部历史的信息，保存各个时代的叠加物，修复时添加的部分必须保持整体的和谐一致，但又必须和原来的部分明显区分，要禁止任何重建。

1976年联合国教科文组织通过的《内罗毕建议》提出了在历史街区保护工作的立法、技术、经济和社会等方面应采取的措施。并归纳了各国关于历史环境问题的五个共同观点：历史环境是人类日常生活环境的一部分；历史环境是过去存在的表现；历史环境给我们的生活带来多样性；历史环境能将文化、宗教、社会生活的丰富性和多样性最准确如实地传给后人；保护、保存历史环境与现代生活的统一。

1977年建筑师城市规划师国际会议发表的《马丘比宪章》，提出"考虑再生和更新历史地区的过程中，应把优秀设计质量的当代建筑物包括在内", 同时指出"不仅要保存和维护好城市的历史遗址和古迹, 而且还要继承一般的文化传统"。这意味着历史文化遗产保护范围的进一步扩大化。

1987年10月,《华盛顿宪章》中再一次阐述了城市保护的意义和作用, 并对城市的定义、原则、目标、方法及手段做了详细的说明。"所有城市社区, 不论是长期逐渐发展起来的, 还是有意创建的, 都是历史上各种各样社会的表现。历史城区, 不论大小, 其中包括城市、城镇以及历史中心或居住区, 也包括其自然和人造的环境, 除了它们的历史文献作用之外, 这些地区体现着传统的城镇文化的价值"。又进一步讲道:"保护历史城镇与地区意味着这种城市的保护、保存和修复及其发展并和谐地适应现代生活所需各种步骤。"

我们可以从表3-3中体会出这一发展进程:

国际上有关建筑遗产的国际宪章的发展历程　　　表3-3

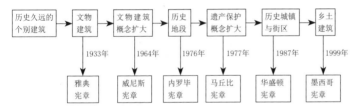

资料来源: 薛军,《对文物建筑保护国际文献的思考》。

3.4.2 《西安宣言》——建筑遗产环境的宣言

国际古迹遗址理事会第15届大会于2005年10月在西安闭幕, 会议就文物古迹的"周边环境"保护问题通过《西安宣言——古建筑、古遗址和历史区域周边环境的保护》, 将历史建筑、古遗址和历史地区的环境界定为: 直接的和扩展的环境, 即作为或构成其重要性和独特性的组成部分。按《西安宣言》的定义, 建筑遗产的环境包括三点:

（1）环境的自身实体和人们对它的景观印象;

（2）文化遗产与周边自然环境的关系;

（3）社会活动、习俗、传统知识等非物质文化遗产形式。

《西安宣言》突出了以下有关原则和建议: 承认周边环境对古迹遗址的意义; 理解、记录、解释不同条件下的周边环境; 通过规划手段和实践来保护和管理周边环境; 监控和管理对周边环境产生影响的变化；扩大地区间、各学科间和国际的合作以及提高保护周边环境的意识。宣言中这些原则和建议是为更好地保护世界遗产建筑物、遗址和地区以及它们的周边环境。凡是对古建筑、古遗址和历史区域的价值构成影响的自然、人文、社会、经济环境都将被看作是文物本身的一部分；而在具体的遗产保护实践中，则要加入环境干预的内容。

作者个人认为，理解、记录、解释不同条件下的周边环境，是规划、设计建筑遗产环境的至关重要的原则，在某种意义上讲理解等于保护。在此，我们要看到，《西安宣言》是针对古建筑、遗址和历史区域的周边环境，面对的还不是建筑遗产的全部或大部。一方面，这是一种觉醒和进步；另一方面，我们还应该看到任重而道远，这还仅仅是一个开始，作为历史、文化传承的重要方面，大量分散于城市、乡镇中的"非古迹"、"非遗址"，其环境问题就显得格外严重。

3.4.3 认知建筑遗产保护的国际宪章的发展历程的重要性

国际上有关遗产保护的国际宪章的发展历程的认知，对于设计人员来说就像设计指导原则一样，正确认识和理解这种发展趋势是十分重要的。设计人员容易将眼光盯在局部上，盯在如何把"东西"做好上，就我自己而言也特别容易犯重局部、缺整体的毛病。在涉及建筑遗产环境设计的时候，通常首先应考虑的是遗产保护的正确方法和对场地的正确理解，以免犯做得越好错误越大的毛病。而这种错误在我国建筑遗产环境保护的相关实践中是屡见不鲜的，这也是我介绍这一章的原因。

第4章

国外建筑遗产的环境保护和
设计中值得借鉴的方法

4.1　完善的保护规划制度——以法国为例

大家都知道法国人特别热爱自己的文化遗产，法国的城市、乡村的历史风貌都得到了良好的保护，这些都得益于法国对各层次的建筑遗产都有细致深入的研究、相应的法律保护制度和具体的保护措施。

4.1.1　在建筑遗产的界定范围上

对于建筑遗产的层层法律保护，不仅表现在对历史建筑，保护区，建筑、城市和风景遗产保护区（ZPPAUP）的关注和保护上，还表现为对城市一般地区的关注。也就是说，从"不可替代性"的角度去分析，值得保护的东西实际上分布在城市的各个角落，而这些地区也代表了一定时期内某种特殊的城市空间特征。在历史建筑、保护区、ZPPAUP的保护范围内，针对每一个层次都有相关的法律与之对应（详见3.1.2），就是在城市的一般地区也通过两个层次来保护。第一个层次是在城市总体的土地利用规划中，划定应该采用特殊的土地利用和建设管理规定的历史地段的界限，并对此专门制定特殊的土地利用和建设管理规定。这种规定根据不同地块的不同特性而定，是彼此完全不同的，这类历史地段和相关建设管理规定也同样具有法律效应。这个层次包括两类情况：一类是被称作"UL"用地，主要是指建于1860年到第一次世界大战之间的成片开发的独立住宅区；另一类是个别应制定特殊土地利用规划的地区，这些地区都代表了一定时期城市的某种特殊特征，被保护的建筑遗产形式是广泛而多样的。第二个层次是在没有任何保护意义的地区，任何的修补都无济于事，必须通过大规模整治的地段。即使是这样，城市中有价值的东西还是被设计师、规划师发现并组织在他们的规划和设计方案中。通过这些保护的方法和手段，大量具有独特城市特征的痕迹被组织到新的方案中，而这些特征又会使新的场所焕发独特的魅力。对第二个层次的城市地区，他们的规划、设计方案又何尝不是一种有效的历史保护呢？

4.1.2　在建筑遗产保护规划的可操作性层次上

1. 在保护规划中通过界定不同物质与空间要素，明确保护和可变动的范围

法国的保护规划最重要的特点之一就是对保护范围内每个

物质与空间要素明确界定其可变动范围，包括每栋建筑，每块场地、绿地，每条通道，每棵树木等。对每个个体要素进行分析，并通过分类提出建设要求，界定新的城市要素介入的可能性。由于此类保护规划对每类现有要素都有明确界定其可变动的程度，并将所有界定的信息都同时反映在规划图纸上，其格式和要求的内容是全国统一的，因而规划图纸和其规划要求是一份易于理解、要求明确，并有直接操作意义的城市规划文件。

（1）保护区的规划图纸

马雷（Mzrais）保护区规划图，图中红框部分为与历史建筑环境保护有关的规定（图4-1）。

（2）建筑、城市和风景遗产保护区（ZPPAUP）的规划图纸

布雷斯特的ZPPAUP规划图，图中红框部分为与历史建筑环境保护有关的规定（图4-2）。

图4-1　马雷保护区规划图（图片来源：*Paris Project*，第23～24页）

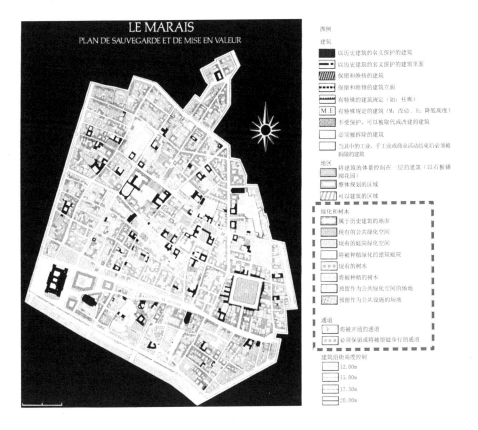

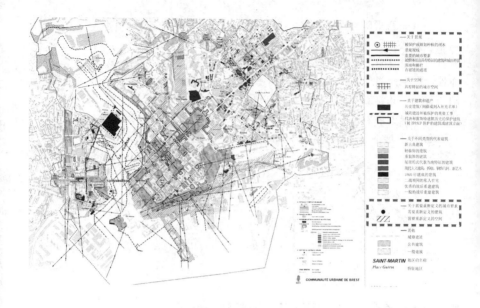

图 4-2 布雷斯特的
ZPPAUP 规划图 （图
片来源：ZPPAUP du
Center-ville de
Brest, commmunaute
Urbaine de Brest et
la Ville de Brest,
2000）

（3）城市一般地区的规划图纸

它的出现是针对现有的土地利用规划已不适于保护当地的历史文化风貌，所作出的调整。它是灵活而有针对性的，但是制定的原则确是与保护区和ZPPZUP一致的，即在规划中界定被保护的要素，这些要素不仅包括建筑的特色，还包括代表该地区特征的城市空间特色。例如巴黎的Montmartre区的特殊土地利用规划图，图中红线部分即为与历史建筑环境保护有关的规定，有关城市要素的界定比保护区要少得多，只有相关的法律条文（图4-3）。

2. 国家建筑师制度

法国的国家建筑师制度是整个建筑遗产保护体系的核心，他们都是由对建筑遗产保护有浓厚兴趣的执业建筑师，经过严格考试筛选后，进入法国文化部培养国家建筑师的专门学校进行为期两年的培训后获得的，主要就职于法国文化部所属的"建筑与遗产省级服务中心"。他们的主要职责有：保护、控制和建议所监督的列级历史建筑的维修工作；在人们申请建设、规划或拆除许可时发表他们的意见；尤其是保护区的建设项目审批，国家建筑师的意见是必需的，没有他们的同意，市长不能签发许可证。这种制度一是能够保证在保护区所做的建设都是高起点、高质量的；二是从专家的角度杜绝了保护原则受地方利益的左右，从而保证了建筑遗产保护的整体效果。

图例
——　檐口限高 9m
——　檐口限高 12m
——　檐口限高 15m
——　檐口限高 17.5m
——　檐口限高 20m

将被保护的庭院绿化（被土地利用规划保护）
将被保护的建筑（被土地利用规划保护）
将被保护和修复，且保留特征的建筑立面
列级或列入清单的建筑要素
列级或列入清单的历史建筑

3. 法律法规对保护范围内的灵活性

法律法规在对保护管理过程严格控制与约束的同时，必须要给具体保护做法以一定的灵活性，因为城市中每一个值得关注与保护的地方都反映了一定的城市空间特色，这些特色是长期发展演变的结果，也是保护的目的所在。例如，在法国针对某些没有列入保护区的历史地段所采用的特殊土地利用规划，与城市一般土地利用规划有一个明显的不同点在于，可根据保护区域的特点，对一般土地利用规划的规定进行修改、包括建筑高度规定的修改、绿地面积的增减等。

例如，在巴黎11~12区的特殊土地利用规划制定的原则之一是要保持具有特征的建筑和庭院，这里的建筑的沿街立面特点是沿街建筑立面高低错落。如果按一般土地利用规划的建筑檐口高度为20~22m，这个高度超过了大多数现有建筑的高度，遵照此规

图 4-3 巴黎 Mouffe-tard 区的特殊土地利用规划图（图片来源：图 4-3、图 4-4 均引自 *Paris Project*，第32 ~ 33 页）

定将使沿街建筑的高度逐渐趋于一致，从而破坏了该地区沿街建筑的历史特征。于是特殊土地利用规划规定将建筑檐口限高降低为15m，屋顶层限高4.5m，因而建筑的最大限高为19.5m（图4-4）。❶

❶ 周俭、张恺著，《在城市上建造城市——法国历史文化遗产保护》，北京：中国建筑工业出版社，第185页。

此外，被确定为保护的建筑由于不可抗拒的力量而拆除后，在原址上新建建筑的体量和高度必须与原有建筑保持一致，因而新的高度规定使这一地区的新建筑更适合该地区多样化的外部空间特征。

这样的规定无疑使法规本身兼具操作性强与适应性强的双重特点，更加利于建筑遗产的多样性特点的保护。

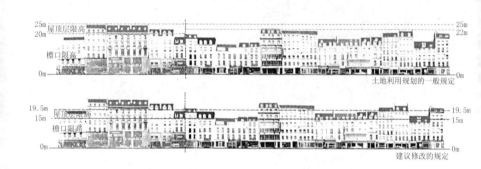

土地利用规划的一般规定

建议修改的规定

图4-4 特殊土地规划中对建筑高度限制的修改（图片来源：*Paris Project*，第32～33页）

4.2　保护影响建筑遗产环境的城市要素

并不是每个城市都拥有显赫的文物建筑，但每一个城市都有其独特的城市风貌，而一个城市的独特风貌更大程度依赖于由于其自身的历史发展过程而产生的城市外部空间的特征上。建筑遗产的外部空间特征就是这其中重要的一环，在城市的发展变迁中，如何持续地体现并保留这种特征，是保护工作的关键。例如在《法国城市规划法》第L.123-1-7条土地利用规划中规定"认识和界定景观要素，界定体现美学、历史和生态特征而应被保护的区域、街道、建筑和景观地"。而法国的各类保护规划中，也是通过保护具有历史价值的城市要素来实现的。

4.2.1　城市肌理

保护建筑遗产外部空间的特征首先就要保护它所在地段的城市肌理（图4-5），这种肌理是一种富有历史意义的平面网络结构，它是经过漫长的历史过程演化而来的，对于地段传统空间形态的构成有着举足轻重的作用。

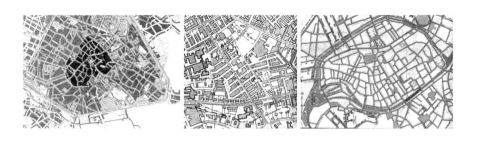

图 4-5　不同城市不同的城市肌理

　　正是由于这种重要性，国外许多城市就是在遭受毁灭性的损坏后，也不轻易改动历史城市中原有的城市肌理。例如1666年的伦敦大火毁掉了老城80%的街道，在讨论城市重建的方案时，当时著名的建筑师雷恩・伊夫林（J. Evelyn）和胡克（R. Hooke）曾分别向国王提出了重新划分街道的建议，但均未被采纳。反之，当城市肌理被完全颠覆以后，就阻断了历史的延伸。例如巴黎的第四号不卫生地区，由于它距离历史中心较远，在20世纪60年代人们对现代化的巴黎充满热情的时候，就尝试了新的建造方式（图4-6、图4-7）。

　　但是人们很快就发现，住房危机和卫生问题解决了，却阻断了地区城市纹理的延续，使这里变成了放在世界任何地方都可以

图 4-6 巴黎第四号不卫生区的传统肌理和原貌（图片来源：图4-6 ~ 图4-8 均引自Jacques LUCAN，Paris 100ans de Logement，1999）

图 4-7 巴黎第四号不卫生区改造后的现状

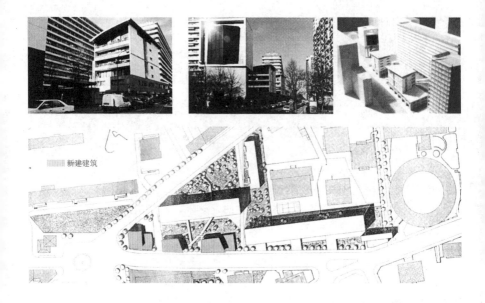

新建建筑

的、没有特点的区域。于是人们又努力地进行修补尝试，拆除了
20世纪60年代建成的一部分建筑，添加了一些新的住宅，试图重
新寻找与原有城市肌理的关系，但这种修补无疑是艰难而又难以
获得成功的（图4-8）。

　　城市肌理对城市建筑以及外部空间有极大的控制力，保持城
市肌理个性化的价值形态，无疑为建筑遗产的环境设计提供了场
所的暗示和场所空间的内在逻辑，也是设计的切入点。

4.2.2　景观视线

　　景观视线是一种分析的方法和工具，是在某一场所中需要保
持和必须展现的某种特色。影响景观视线的因素来自于各种城市
要素，从城市自然地形到具体的建筑，甚至人的观赏位置和角度。

　　例如在图4-9的法国布雷斯特ZPPAUP的规划图纸上，我们看到
了很多清晰的景观视线，而且这些景观视线还通过不同的视点进
行了分类，并分别总结成书面文字记录下来，它们既包括展现场
所自身的特色，也包括强调场所之间的相互联系的作用，这些景
观视线使得整个保护规划显得是血脉畅通的、有联系的。

　　相比之下我们的保护规划就显得粗糙许多，在《北京历史文
化名城北京皇城保护规划》（图4-10）中，体现北京城市特色的
仅有7条景观视线。而在其下更细化、具体的《北京旧城二十五

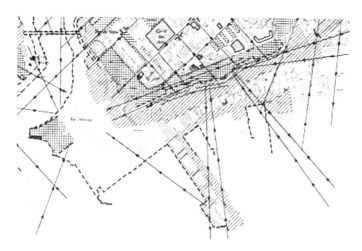

图 4-9 布雷斯特 ZPPAUP 规划中的景观视线 (图片来源: ZPPAUP du Center-ville de Brest, commmunaute Urbaine de Brest et la Ville de Brest, 2000)

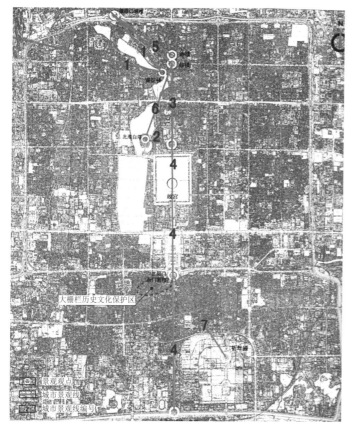

图 4-10 北京城市景观线分布图 (图片来源: 北京历史文化名城北京皇城保护规划)

片历史文化保护区规划》中，以大栅栏历史文化保护区为例（图4-11），它是北京旧城中历史延续最长、遗物遗存最多、旧城风味最浓、范围也最大的传统市井文化区，也是近代北京最繁华的商业街。大栅栏大街也是几经改造，效果却不尽如人意，在商业上、历史文化的传承上都大打折扣，这里面的原因是多方面的，单就景观视线来说，当你站在大栅栏对面的鲜鱼口西口（那里比大栅栏地势略高）对望大栅栏时，无论晴雨，永远是密密匝匝、擦肩接踵。一位篆刻大师这样形象地形容道："天安门疏可走马，大栅栏密不透风。"现在，一位住在这里半个世纪的北京居民这样说道："跟原来完全不同了，一眼就望得到头的大栅栏叫什么大栅栏！"在《北京旧城二十五片历史文化保护区规划》中的大栅栏地区的保护规划中，仅仅深入到具体建筑的保护和更新方式规划，反而看不到有关景观视线的内容了。

在北京其他不是保护区的规划中，在涉及文物古迹保护或历

图 4-11 大栅栏历史文化保护区保护规划（图片来源：北京旧城二十五片历史文化保护区规划，第298页）

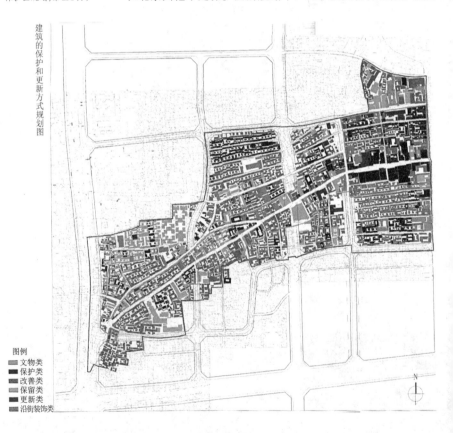

建筑的保护和更新方式规划图

图例
- 文物类
- 保护类
- 改善类
- 保留类
- 更新类
- 沿街装饰类

N

史街区保护的相关内容时，文物古迹更成为城市中孤立的"点"（图4-12），这些做法实际上就削弱了文物古迹外部空间的魅力。

图4-12 长安街规划设想之文物和历史街区保护（图片来源：长安街 过去·现在·未来，第256页）

4.2.3　空间格局

在建筑遗产的环境中，保护场所的空间格局至关重要。这里面不仅包括街道长与宽的比例关系、沿街建筑高度与街道的比例关系、沿街的重复性、街区整体的组织方式与道路的关系等，还包括保护具有某种特征的城市空间。如果破坏了历史文化遗产周围的空间格局，那么不管你捡起多少历史片断的只言片语，都将是对历史文化信息的巨大破坏。

例如在北京的"平安大街"改造中，由于这条大街贯穿整个旧城，所以花了大力气对两侧的房屋进行统一规划——"全部是清一色的青砖灰瓦、灰墙红漆门、红柱飞檐。从东走到西，一座座大屋檐、尖顶、古色古香的传统建筑"，但是由于北京传统的街道空间已经被"开膛破腹"了，所以绝对谈不上所宣传的"平安大街的历史文化气味很浓，沿途的王府、名人故居、风景点都保存完好，仿佛又置身于明清时代的老北京城"（图4-13、图4-14）。

图4-13 平安大街原貌（图片来源：北京西城区人民政府网）

图 4-14 改造后的平安大街（图片来源：www.JDOL.NET）

4.2.4　建筑形式与沿街立面

建筑特色是一个城市的语言，对于建筑遗产的外部空间而言，它周围的界面如果有建筑，那么建筑的形式和沿街立面就对这个空间有着巨大的影响。欧洲城市的老城中心区和保护区都对建筑的高度、形式、色彩及细部有着严格而详细的规定，对今后的修缮、更新工作产生有效的指导意义，从而使它所限定的城市外部空间的历史风貌能够得到长期、有效的保护。我们可以从哥本哈根两个广场半个世纪以来的照片比对中看出（图4-15、图4-16），建筑的外部空间变得越来越人性化了，周围的建筑却没有大的变化。

4.2.5　道路

道路实际上对于一个富有传统意义的空间来说具有很大的影响，道路尺度的改变从根本上讲就是对空间尺度的改变。在有价值的建筑遗产周围一味地扩展机动车道宽度，修建城市高架路，在人们享受交通便利的同时，也将历史风貌破坏殆尽，城市景观被肢解成碎片。有效地保护历史风貌的最好方法当然是不修大路，或者发展城市地铁和公共交通系统，但如果这方面不现实时，也可以通过一些设计手段，减少宽马路对城市历史风貌的影响。

例如巴黎的法兰西大道是塞纳河左岸地区规划的一部分，这一地区包括了巴黎市东南角13区靠近城市环线的大片铁路和工业

图 4-15　1968 年至今
哥本哈根的格拉布鲁
德广场的演变及周围
建筑 [图片来源：（丹
麦），杨·盖尔，拉尔
斯·吉姆松《公共空间·公
共生活》，第 18 页]

图 4-16　半个世纪以
来哥本哈根卡尔广场
的演变及周围建筑

用地。城市需要铁路，希望车站离市中心越近越好，但铁路又是一种严重的阻隔，截断了城市地区间的空间联系。所以整个计划使用的是一个"双重城市"的概念，将在大片铁路用地的上方，建成一个新的综合功能地区（图4-17）。

法兰西大道就是指这一区域未来贯穿东西的主要道路，作为城市新区开发的道路，它在旧有铁路空间的上方，没有传统的道路肌理可以借鉴，也不可能延续传统道路空间的尺度（图4-18）。但由于它独特的位置，与巴黎的历史中心十分接近，所以在设计上不可能不去寻找与巴黎传统街道的联系。这条道路长2.5km，宽40m，其中中间10m为步行林荫道，两侧为机动车道，这样的断面设计一方面包含着回归巴黎传统林荫道的概念，另一方面图4-19与图4-20两种断面比起来，后一种无疑在空间上削弱了现代道路宽阔的尺度感，比较容易找到与传统道路空间的联系，并与之相协调。

同样，作者在德国柏林的城市中心区参观时，发现它的主要街道也是这种相似的断面，在满足现代交通基本需求的同时，从视觉上成功地减轻了宽阔道路对城市历史风貌的损害（图4-21）。

图4-17 用"双重城市"的概念改造塞纳河左岸地区（图片来源：图4-17、图 4-18 均 引 自 CD-ROM:Christian LOUET.Presentation de Paris River Gauche，2000）

图4-18 法兰西大道及其断面设计

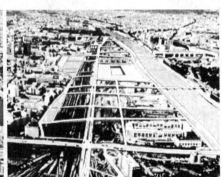

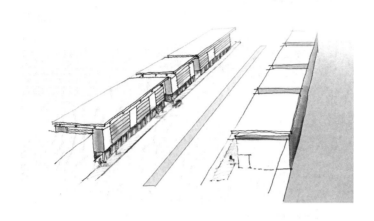

图 4-19 道路断面设计 1

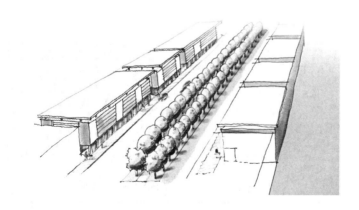

图 4-20 道路断面设计 2

图 4-21 柏林中心区
主要道路形式

4.2.6　绿化因素

　　绿化常常是用于保护建筑遗产的一种有效方式，同时扩大绿化面积也是提高居民生活质量的一个指标，但是每一个传统空间都有自己固有的绿化特点，也是体现其风貌的重要环节。在一个有历史意义的空间中，绿化并不是面积越大就越好，树木也不是数量越多越好，还是要根据各自的特色，配合体现出场所固有的特点。在保护规划中不能搞指标一刀切，同样在设计中如果忽略了分析这些环节，就不会真正体现出场所的精神。

　　例如法国南特市的50人质大街被称为其城市历史的主要见证，在进行改造前是一条双向8车道的道路，繁忙的机动车交通阻断了大街两侧的联系。在进行整治改造的时候，并不只是像一般我们理解的整治项目中的"加大绿化面积，塑造城市优美形象"，由于整个50人质大街在保护区规划中属于"大规模的公共空间"，所以将步行道路大幅度加宽，有轨线路和步行道路的地面用相同的花岗石材铺砌，以最大限度地体现步行气氛。这样，使得单纯的交通空间成功地发生转变，体现了城市公共空间的意义；对于树木，设计者认为这条大街最具历史特点的就是18～19世纪沿街漂亮的建筑立面，由于过去仅仅满足功能需求的简单设计，体现城市独特风貌的要素被深深埋藏在车辆和树木中，被淹没了。所以改造时将道路两侧的树木移至其填河前的本来位置，亮出被遮

挡的街面。50人质大街独特的历史内涵,通过深入细致的研究,
被慢慢挖掘并展示出来,这一演变过程可以通过图4-22、图4-23
表示出来。

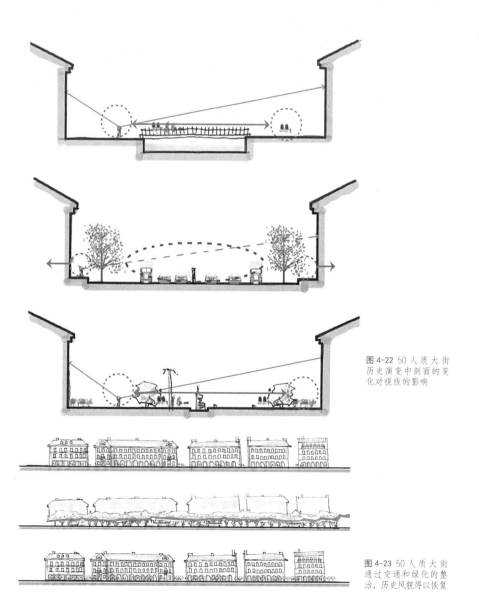

图 4-22 50 人质大街
历史演变中剖面的变
化对视线的影响

图 4-23 50 人质大街
通过交通和绿化的整
治,历史风貌得以恢复

图 4-24 现在的 50 人质大街步行空间成为主体，树木被重新种植，建筑原貌被强调（图片来源：Nantes, Portrait de ville, IFA, 1998）

4.2.7　城市历史文化多样性的保护

城市的魅力和特色就体现在文化的多样性上，在全球一体化的浪潮中，文化发展也有趋同之势。保持人口结构和社会文化的多样性是保持历史文化风貌的根基。在这里面一方面要防止大拆大建，在旧城CBD中心区，就算还有一、两个重要的保留历史建筑，也大大减少了它的魅力；另一方面要防止随着整治后土地和房屋的升值，富有阶层越来越多，低收入者被挤出去的趋势，这就需要政府来制定一系列的政策，来保持人口结构的多样性。

4.3　分析影响建筑遗产环境的城市要素，并对其外部空间的特点进行提炼

4.3.1　分析及提炼保护要素的意义

对于一个有历史意义的空间而言，其中虽然存在大量不可变更的个体元素，但可以变动和需要变动的要素也占相当部分的比例。而且从科学发展观的角度来看，任何一个环境永远没有完整的一天，界定保护要素不是要阻止这一过程，而是要控制这一过程，以明确能够被新的要素代替的对象以及被替代的程度。通过这样的方法，可以对今后历史建筑及其外部环境的修缮和更新产生切实有效的指导作用，从根本上保护历史氛围。

4.3.2　分析及提炼建筑遗产外部空间的特点并应用于设计中的实例分析

每一个建筑遗产的外部空间特点都是独特的，我们在对它进行设计、整治时一定要保持这些特点才是真正反映了历史的风貌。

1. 法国波尔多加龙河西岸整治工程

在法国的波尔多地区的"加龙河计划"中，需整治一条4km长的西岸岸线，使其成为"充满活力的岸边公园和城市景观中心"。在西岸岸线整治计划中中标的景观设计师并没有在自己的设计区域内竭力渲染，而是通过分析，明确该项目的重点之一就是植物种植，希望为市民提供一个有树荫的散步空间。同时种植方式也不只是简单地在岸边种植成行的树木，设计师通过对在城市的整体框架下城市特点的分析，明确岸线中部的建筑立面，是波尔多最具代表性的特点，因而在设计时树木由两翼向中间逐渐减少，充分展现这段立面，更在整条岸线的高潮处——证券广场设置水平台，将证券广场的建筑形象倒映在水面上，形成视线焦点。所以在涉及建筑遗产环境的规划和设计的时候，最重要的就是细致地分析场地外部空间的特点，并通过设计来突出和体现这些特点。简单的设计仅仅满足了某些功能的需求，但是会有削弱场所的历史气氛的可能性；只有经过细致的分析、综合和提炼才能使建筑遗产的环境改造设计有效地烘托它的主体，起到重点突出、主次分明，有效地配合其他城市因素，突出区域内城市历史风貌特点的作用。图4-25～图4-28分析了在这一项目中的这种分析过程。

图4-25 沿加龙河西岸有特色的建筑立面（图片来源：Plan Guide du patrmoine de Bordeaux，1999）

图4-26 简单的规划设计会有削弱场所历史气氛的可能性

图4-27 细致的分析和提炼才能重点突出、主次分明

图 4-25

图 4-26

图 4-27

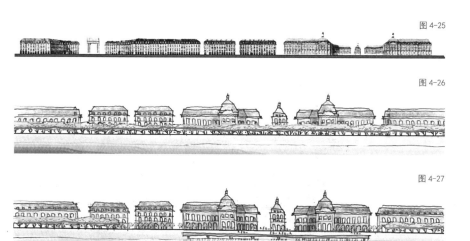

2. 法国波尔多夏尔冬地区改造

在同一地区——夏尔冬地区的改造项目中（图4-29、图
4-30），由于这一地段原先是一个繁忙的码头，码头上布满仓库，
用于建造这些建筑的地块都十分狭长，位置位于沿岸住宅和商铺
的背后，其垂直于河岸的纵深方向可长达200m以上。这种纵向布
局密集的建设方式，相对封闭的外部空间是不多见的，同时也是

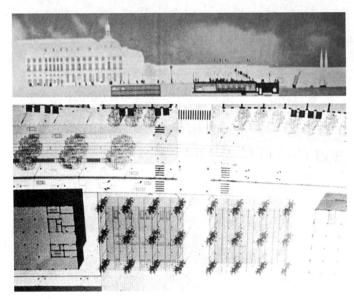

图 4-28 岸线高潮
处——证券广场的平
面和剖面（图片来源:
Document par SDAP
de la Gironde）

图 4-29 改造之前的
夏尔冬地区（图片来
源: 图4-29、图4-30
均引自 Presentation
de l'llot des
Chartrons, Domaf-
rance, 2001）

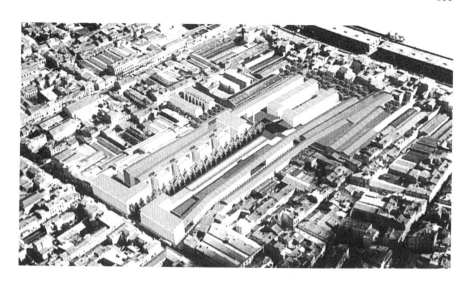

波尔多地区特有的，在项目的概念设计投标中，中标的设计师并
没有将这一特征视为弊端，采取扩大公共空间面积、增加绿化面
积等手段，而是充分理解和保留了当地的特征，保持该地区高密
度的开发方式，对有价值的建筑保留并再利用，从而使得历史发
展的脉络得以延续。所以在某种意义上讲理解等于保护。

图 4-30　夏尔冬地区的
规划鸟瞰

4.3.3　小结

我们常常会反思为什么我国在涉及建筑遗产的环境规划与设
计时，常常会有千篇一律的感觉？随着建筑遗产保护越来越受
到人们的重视，很多设计项目中都要求反映当地的历史文化特
色，在实践过程中我也发现，大多数设计人员都是在竭尽全力
查找大量资料，反映在雕塑、浮雕墙、小品、铺地等各种符号
中，而这些符号又在设计人员的相互观摩中产生趋同之势。而
分析及提炼建筑遗产外部空间的特点强调的是一种分析作用，历
史文化的魅力就在于经过时间沉淀而产生的多姿多彩的特色，我
们要保护的就是这些特色。所以说任何保护工作最重要的就是细
致，在涉及建筑遗产环境的时候也是这样，而这种分析方法正是
我们最欠缺的。在当代社会文化如此开放，设计的表达方式非
常多样的今天，科学而理性的分析手段，冷静而又积极的审美
姿态，在恢复场所精神、保护历史风貌等方面，是非常值得借
鉴的。

4.4　发挥建筑遗产的环境在城市开放空间的积极作用

4.4.1　开放空间的概念简介

具有现代意义的"城市开放空间"概念的出现，大约是始于英国伦敦1877年制定的《大都市开放空间法》(metropolitan open space act)，其中将开放空间定义为"任何围合或不围合的土地"，这是对"开放空间"最早的、有法律依据的定义。在我国，一些学者认为："开放空间就是城市公共空间，包括自然风景、公共绿地、广场、道路和休憩空间等。"❶从出现"开放空间"一词以来，各国的法律和学术界对它的定义以及范围有各种不同的解释，每一种解释都会由于定义者的出发点和看待问题的角度不同而大相径庭。

在本论文的研究范围内所认定的开放空间是指向大众敞开的、为多数民众服务的空间，不仅指公园绿地这些自然景观，而且城市的街道、广场、巷弄、庭院都在其范围内。这种定义一方面注重开放空间的要素组成，另一方面注重"为公众服务"的目标。

❶ 王鹏，《城市公共空间的系统化建设》，南京：东南大学出版社，第2页。

4.4.2　建筑遗产的环境在城市开放空间中的积极意义

《马丘比宪章》指出："保护、恢复和重新使用现存的历史遗址和古建筑，必须同城市建设过程结合起来，以保证这些文物具有经济意义并继续具有生命力。"《威尼斯宪章》在第五章也写道："为社会公益而使用文物，有利于它的保护。"如今，建筑遗产保护的概念已远远超出了单纯保留的概念，而通常采用积极的保护办法。一方面，保护建筑遗产的历史发展痕迹和历史见证意义；另一方面，使建筑遗产积极地参加到现代城市职能和新的空间结构中去。也就是说不是让它们成为城市博物馆的文物，而是让它们继续焕发生命力，使用是最好的保护和传承。

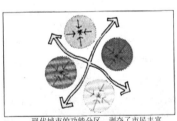

现代城市的功能分区，剥夺了市民丰富的城市生活内容

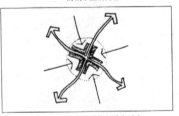

图4-31 现代生活方式的回归

利用步行道和交通恢复城市活力

随着对现代主义城市规划的反思和现代生活方式的变化（图4-31），城市开放

图 4-32　发挥建筑遗产环境在城市开放空间的积极作用［图片来源:(丹麦)杨·盖尔、拉尔斯·吉姆松,《公共空间·公共生活》］

空间在城市生活中扮演着越来越重要的角色,建筑遗产及其环境如果能依托这个载体,那么它们所蕴含的丰富的历史文化信息和意义,必将通过人们的使用、通过人与人之间的交流得到更加鲜活的传播。现在欧美的各大城市已经纷纷把整治城市的开放空间作为焕发城市活力的重要手段,在这里面建筑遗产及其环境所起的作用也是不容忽视的(图4-32)。

4.4.3　发挥建筑遗产环境在城市开放空间的积极作用的实例分析

1. 建筑遗产环境在城市公共空间中作用的发展演变

事实上建筑遗产特别是重要文物建筑的周围,常常是重要的城市公共空间,它与城市中蕴含的历史信息息息相关,因为它不单单把人们聚集在一起,更重要的是它是人们相聚、交流的场所,是一个大熔炉,人们在城市中互相学习、互相补充,从而创造出灿烂的文化。许多欧洲城市的这类公共空间通常都经历了以下演变过程。

传统的欧洲的公共空间常常是一个聚会场所;一个演绎重大事件的舞台:加冕典礼、游行、狂欢、庆典、集会、行刑等;一个市场或一个交通空间。但是,在20世纪,尤其是在西方工业化国家,这几种主要的使用公共空间方式的前提条件发生了变化。新的交通、贸易和交流的方式从根本上打破了几个世纪以来人们使用城市的传统。尤其20世纪初汽车的引进,使交通模式发生了剧变。特别是在第二次世界大战后，城市中的汽车交通快速发展，公共空间的范围和使用也随之改变。机动交通和停车场蚕食了街道和广场，城市空间所剩无几。随着其他限制和诸如废气、噪声、污染之类恼人因素的增加，城市生活很快就消失了。步行不再是一件乐事，甚至令人望而却步。由于缺少空地和环境恶化，在公共空间中休闲也不再可能，在城市中只存在最必需的步行交通，还不得不在行进中和停着的汽车争抢道路。这种公共空间的蜕变造成的直接结果是周围的建筑遗产也随之衰落，城市的文脉也断裂了。

　　经过一段时间的反思，人们逐渐认识到复兴建筑遗产周围的环境，恢复其活力，积极营造以人为中心的环境和空间，才是保护城市建筑遗产、传承历史文化最有效的手段。与此同时，人与人之间交往的重要性被重新认识，城市需要公共生活空间，正如政治理论家汉娜·阿伦特（Hannah Arent）形象地将人类的公共性需求比喻成一张桌子，它既是将人们分离又是将人们联系起来的重要领域。从20世纪70年代起欧洲许多城市就在不断整治建筑遗产的环境，并把它作为保持城市特色的重要手段。

　　这种从衰落到重新被人们使用的演变过程可以通过图4-33来阐释：原先历史建筑周围的广场空间是一个有着多种用途的人的聚集空间。后来随着交通方式的变化逐渐将人的活动从城市的活动空间中排挤出来，带来的后果一方面是建筑遗产的衰落，另一方面是遗产周围环境中所携带的大量历史信息也被无情的淹没了。现在通过城市交通的整治，将这种建筑遗产围合的空间转变成终端式交通，恢复人在这种空间中的优先使用权，使它重新成为人们喜爱的场所，并通过规划和设计将广场中人们的各种活动内容合理地布局，场地中蕴含的历史信息被重新发现和认识，建筑遗产也随之恢复了活力，城市的历史通过人们的使用得以传承。

图4-33　建筑遗产环境在城市公共空间中的发展演变

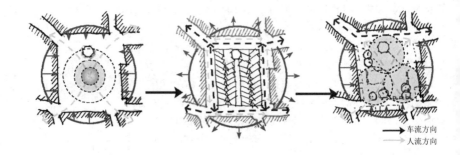

➡ 车流方向
➡ 人流方向

（1）丹麦奥尔胡斯（Arhus）市中心河道两岸的改建工程

丹麦奥尔胡斯市中心河道两岸的改建工程是建筑遗产环境在欧洲城市公共空间中发展演变的典型过程。这条河道位于奥尔胡斯市中心，两岸的建筑大部分都有百年以上的历史，周围是传统的城市河道带状空间。从20世纪初开始，这条河道两岸逐渐演变为车行路，同时由于城市污水的直接排放，河水散发着臭气。于是在20世纪60年代由于城市交通的需求，像许多普通西方城市一样，河道被填平，变成一条城市主要的交通要道，繁忙的机动车交通阻断了大街两侧的联系，两旁的历史建筑迅速衰落了。1998年作为城市更新工程的关键，设计禁止了机动车的通行，恢复了被封闭30年的河道，阳光照射的宽阔的北岸用富于想象力的图案组成了宽阔的步行道；而较窄的南岸则采用朴实的带状铺装。沿古老建筑的底部布满了露天咖啡座，提供了大量驻足休憩的空间，同时在入口较宽处设计了滨水活动空间，使人们的活动内容和可能性更加丰富。五座精美、轻盈的小桥梁增强了河道两岸的交流（图4-34）。通过恢复建筑遗产环境的活力，历史建筑重新焕发了光彩，城市的历史文化通过良好的载体得以传承。图4-35阐释了奥尔胡斯市中心沿河建筑遗产环境的发展演变过程。

（a）滨水活动空间

（b）沿岸的停留空间1

（c）沿岸的停留空间2

（d）五座轻巧的桥梁增强两岸的联系

图4-34 奥尔胡斯市中心河道两岸改造后实景

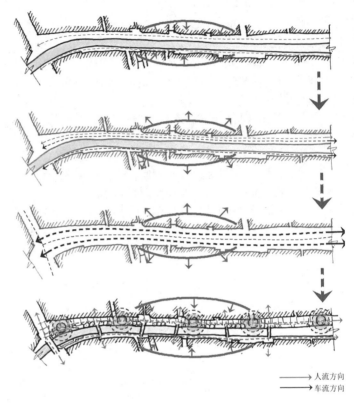

图 4-35 奥尔胡斯市中心沿河建筑遗产环境的发展演变过程

⟶ 人流方向
⟶ 车流方向

（2）巴黎香榭丽舍大道的改建

香榭丽舍大道作为卢浮宫一侧的丢勒里花园的延伸，最初是作为人们散步休息的林荫道，直到20世纪60年代它始终维持着优雅闲适的氛围。60年代后商业和交通的急剧发展使得本已不宽的人行道被汽车和咖啡馆搭出的露台占据，街道立面被商店橱窗和广告覆盖，巴黎香榭丽舍大道逐渐失去了应有的气质。由于它在巴黎的重要地位，巴黎香榭丽舍大道开始了它的复兴计划，这是一项庞大的综合性工程，重现公共空间的价值是其中的一项重要内容。为此，把1939年以来占据人行道的停车带去掉，将两侧人行道从12m拓展到24m，并新建地下车库以解决停车问题。除现有的车行道两侧的行道树以外，在人行道上加种一排树木，以恢复大街作为散步林荫道的本来形式。人行地面重新用浅灰色花岗石，中间饰以深色花岗石的花纹统一装饰，并且以此将人行道分为4个活动区域。靠近建筑的区域是功能区，新拓展的区域是步行区，其余2个区域是较窄的、饰以深色条纹的带形区域，用以设置照明和街头家具。这样为来自世界各地的人们提供了一个活动和交流的平台，避免了其蜕变为一条平庸商业街的命运，让香榭丽舍的气质和名字与它的象征意义和历史底蕴相匹配（图4-36～图4-39）。

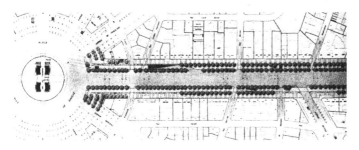

图 4-36 香榭丽舍大道的改造平面（图片来源：图4-36、图4-37均引自 *Paris Project*，1993，第30～31页）

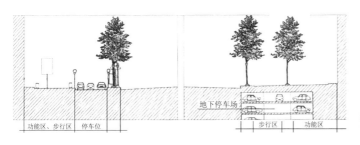

图 4-37 香榭丽舍大道剖面前后对比

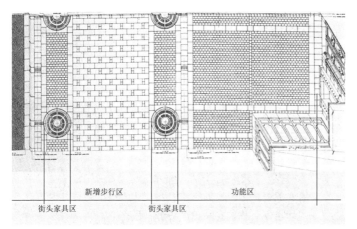

图 4-38 拓宽后重新铺设的人行道既美观又划分了不同的功能区域

　　2. 发挥建筑遗产及其环境在城市开放空间的作用，已是设计领域的共识

　　现在发挥建筑遗产及其环境在城市开放空间的作用，已经不仅是园林设计师关注的方向，而且也将在今后的城市规划与建设中占据非常重要的战略位置，很多建筑大师也纷纷将创造积极的富有历史意义的城市开放空间和将这些开放空间相互连接起来作为建筑设计的出发点。

　　(1) 西班牙马德里的雷纳·索非亚美术馆加建的国际竞赛

　　例如多米尼克·佩罗在西班牙马德里的雷纳·索非亚美术馆加建的国际竞赛中，并没有像其他的设计师那样拘泥于研究建筑沿街立面的延续性，仅仅满足美术馆自身需求的框架。他通过分析建筑周围的城市肌理，考虑到这座建于 18 世纪的建筑是马德里的象征之一，在地理上、文化上都是地区的核心，但是建筑周围的环境却显得缺乏活力。所以在设计中对自己的建筑做出了重大牺牲，将所要求的体量层叠，尽可能缩小建筑占地面积，然后把空出的地方直接作为广场，向市民开放。而自己设计的建筑则成为展现人们活动的屏幕，这种广义的建筑设计使我们强烈地感受到建筑是城市的一部分（图 4-40、图 4-41）。

　　(2) 伦敦国家艺术馆扩建设计的国际竞赛

　　英国的理查德·罗杰斯在伦敦国家艺术馆扩建设计的国际竞赛中，同样也没有拘泥在自己的设计范围内，而是站在城市的角

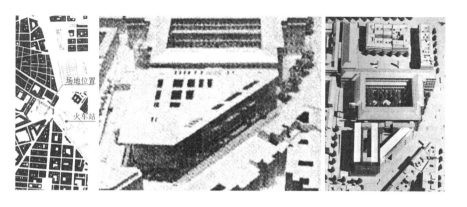

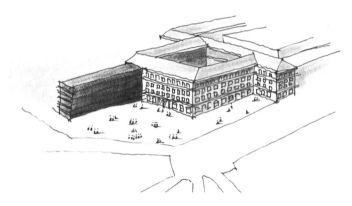

图 4-40 雷纳·索非
亚美术馆加建国际竞
赛中的部分方案 [图
片来源：（日）安藤
忠雄著，安藤忠雄连
战连败，第 48 页]

图 4-41 米尼克·佩
罗在雷纳·索非亚美
术馆加建的国际竞赛
中的参赛方案

度分析出建筑的基地是连接特拉法尔加（trafalgar）广场和莱斯
特（leicester）广场的钥匙，将这两个传统的广场空间联系起
来也就成了竞赛方案的出发点。在设计中罗杰斯将设计范围内几
乎一半的面积拿出来作为广场，并通过一系列的措施，连接起这
两个被机动车孤立的传统的公共空间（图4-42、图4-43）。　同样
的手法在安藤忠雄参加的伦敦塔特现代美术馆的国际竞赛中也可
以看到，这是伦敦中心区的历史建筑改建，设计师也是将建筑遗
产、公共空间、城市重要公共空间的相互联系作为方案的出发点
（图4-44）。

　　上述方案都是在城市中心区历史建筑的加建，这些设计大师
关注的已不仅是如何创造新建筑，而是将历史建筑、新建建筑、

图 4-42 莱斯特广场和特拉法尔加广场（图片来源：http：//www.soulofamerica.com/tours/tour-London）

图4-43 理查德·罗杰斯在伦敦国家美术馆扩建的国际竞赛中的参赛方案［图片来源：（英）Richard Rojers Philip Gumuchdjian 著.仲德崑 译.《小小地球上的城市》（Cities for a small planet），第72页］

莱斯特广场

国家艺术馆

特拉法尔加广场

莱斯特广场

圣马田教堂
国家艺术馆

圣马田教堂

特拉法尔加广场

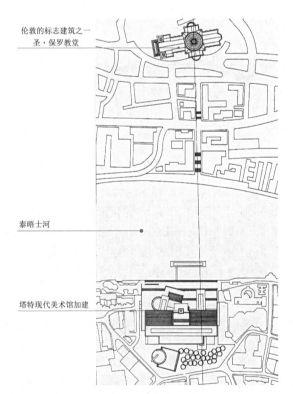

伦敦的标志建筑之一
圣·保罗教堂

泰晤士河

塔特现代美术馆加建

图 4-44 安藤忠雄在伦敦塔特现代美术馆扩建的国际竞赛中的参赛方案［图片来源：（日）安藤忠雄著，安藤忠雄连战连败，第 84 页］

周围环境看作一个整体，放在整个城市的角度下一起考虑，使城市的文脉得以延续。

4.5 国外建筑遗产环境的相关做法分析

作为实例分析本来应该将实例进行分类介绍，考虑到建筑遗产环境的多样性和复杂性，这主要来自以下三个方面：（1）建筑遗产本身的多样性；（2）建筑遗产外部空间特征的多样性；（3）建筑遗产存在形式的多样性，所以很难把类型分得全面而又科学。但是我还是试着将以下典型的实例分为几种类型，并辅以结构分析来加以介绍，也许这样的分类不是很准确而全面，但这样做的目的只是为了使这种介绍对于实践更有意义，更具针对性。

4.5.1 城镇中点状的建筑遗产环境

国外在这方面最注重的首先是城镇空间尺度的恢复与重塑、交通的重组、场地活力的恢复，然后才是场地中历史痕迹的挖掘，其历史意义的体现不是将它们恢复原貌，而是结合在场地中体现它的发展演变过程。

1. 法国尼姆市伽黑广场

尼姆市最著名的古迹就是这个"伽黑神庙"，是一座现存典型的罗马小神殿，原来位于一个由柱廊环绕的古广场的中央，这里曾是尼姆的社会精英们进行集会、讲演和辩论的场所。后来论坛消失了，只剩下古神庙仍在原地，广场西部的尼姆歌剧院在1950年的大火后，只剩下一排新古典主义的柱廊。这样传统的空间尺度发生了变化，广场也因为繁忙的交通而演变成为两个停车场，整个地区的环境质量在不断下降（图4-45）。作为一个以历史古迹吸引人的城市，政府十分希望恢复这一最著名的古迹周围的活力，为此在广场西侧建造了一个全新的图书馆和艺术展廊，恢复了城市空间原来的尺度关系，使广场有了新的界定和新的形态，并进一步对广场进行了改建。古广场仍保持原有的标高和材质，新广场重新用当地的石材铺砌，新旧广场标高的差别以台阶消化，并由此勾勒出原来古老广场的轮廓，已经消失的古广场的柱廊和某些建筑片段的遗迹，被保留下来并结合进广场的设计，使整个广场充满了新与旧的对话和联系。城市的交通被重新组织，原来被交通环绕的广场，改为机动车两侧通行，加宽文化中心的步行道，以削弱车辆对步行的隔离感，获得建筑与广场空间的联系，扩大广场空间的范围，这一演变过程可用图4-46表示。

　　更为重要的是，整治后的广场改变了原来被车辆阻隔的建筑与广场空间的联系，恢复了传统广场聚会、社交的功能，形成了一种新的城市氛围，咖啡馆和小商业等休憩设施，也逐渐在广场周围繁荣起来，为城市公共空间丰富的活动内容提供了不受干扰的场所。古老的城市中心被注入了新的活力，从而吸引了大量的城市居民和游客，同时广场的设计从各个细节上展现了建筑遗产及其周围环境在城市中发展演变的过程，很好地体现了建筑遗产的价值（图4-47）。

　　2. 哥本哈根的加梅尔广场

　　图4-48阐释了加梅尔广场的历史演变过程，它曾是哥本哈根最古老的广场，最初被旧市政厅分割成两个广场，长久以来一直是城市中最重要的空间，里面有古老的刑台，加里塔斯喷泉的历史可追溯到1608年。第二次世界大战之后，汽车交通大量增多，

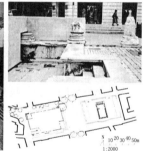

图 4-45 法国尼姆市的伽黑广场的现状（图片来源：图4-45、图4-47均引自杨·盖尔，拉尔斯·吉姆松著.何人可，张卫，邱灿红译.新城市空间[M]，第171页）

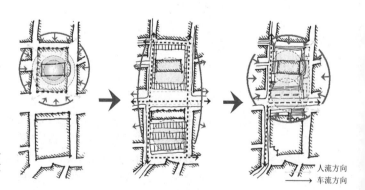

图 4-46 法国尼姆市的伽黑广场的历史演变过程

图 4-47　伽黑广场改造前后的对比，改造后的广场重新焕发了活力

图 4-48　哥本哈根加梅尔广场的历史演变过程

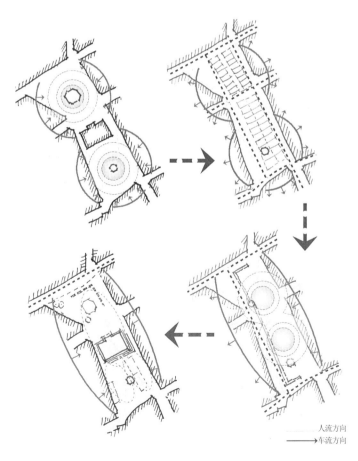

人流方向
车流方向

这里一度被当作停车场，场地中体现场所特征的遗迹也随之被淹没了。1962年以后，广场不允许停放车辆，并被简单地设计了一系列广受批评的"墙"来限定步行空间。它现在的形象是经过这400多年的演变而形成的，1992年为了形成欧洲传统的建筑与广场的图底关系，使得空间能脱颖而出，广场再设计的出发点用块石铺地统一了整个地面。这个广场漫长的演变历史没有被遗忘，它们随着新的设计被重新挖掘出来，它们的表现形式没有被再造，而是通过石板地面的细部，结合场地的特色被记录下来。这里南北有大约4m的高差，在有高差的地方设有台阶，结合台阶，过去将新老广场分隔开的市政厅的平面轮廓用长方形的水平面划分出来，并且旁边的石块上刻写与这座建筑有关的建筑外观图和资料。古老绞刑台的轮廓用一个和座位一样高的基座标志出来，这样既记录了历史，又有了新的用途。

　　以前这两个广场曾有很多用途：赛场、刑场和市场，现在演变为一个受欢迎的城市休闲广场，不管怎样演变，过去和现在它都是城市生活中有活力、多用途的重要的公共空间（图4-49、图4-50）。

图 4-49 哥本哈根加梅尔广场的历史演变实景 [图片来源：（丹麦）杨·盖尔，拉尔斯·吉姆松著，《公共空间·公共生活》，第 16 页]

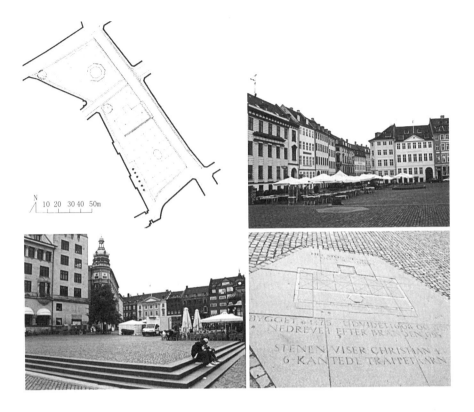

4.5.2　城镇中线状的建筑遗产环境

欧洲城市中呈带状分布的建筑遗产，在20世纪初一般都因为交通、停车等原因，将人的活动排斥出去而遭受了不同程度的衰落。20世纪80~90年代以来许多城市纷纷通过交通的整治、传统空间形态的恢复、环境活力的焕发来保持建筑遗产的生命力。如果传统的空间形态能够恢复，当然是件完满的事，例如丹麦奥尔胡斯市中心河道两岸的改建工程。但如果传统空间的尺度不可能恢复，也要通过恢复建筑遗产外部空间的活力来保护建筑遗产，体现城市的特色。

法国南特市的50人质大街被称为其城市发展的一个缩影，20世纪初大街的中部曾是一条名叫Erdra的河流，河上分布着众多桥梁。1930年由于洪水的泛滥和城市交通发展的需求，将河道填平，建成一条南北向、8车道的主要交通要道。由于这里曾是商业、贸易和仓储中心，两侧的建筑都有上百年的历史，是南特市

图 4-50　哥本哈根加梅尔广场纪录历史痕迹的细部

最有特色的建筑立面，这些城市历史的特色都被车辆和树木淹没了。南特市为了重新整合城市的历史中心，对这条大街的环境进行了全面改造，主要通过引进新型的有轨电车，减少交通量来扩大步行空间的面积，恢复其城市主要公共空间的地位。同时将道路两侧的树木移至其填河前的本来位置，亮出被遮挡的街面，在恢复了活力的环境中，重新被欣赏和认识。单一的道路通行功能增加了多样化的、活动内容丰富的公共空间功能，这条大街再次成为城市的中心，图4-51、图4-52分析了这种变化的过程，以及城市历史特色的恢复。

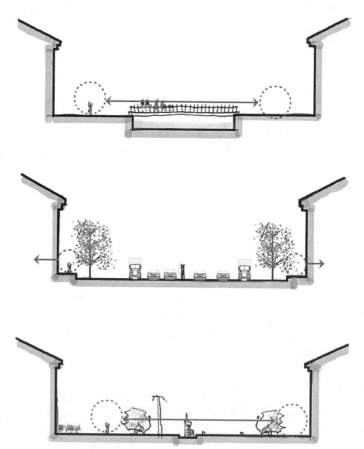

图 4-51 50 人质大街历史演变中剖面的变化对视线以及人流的影响

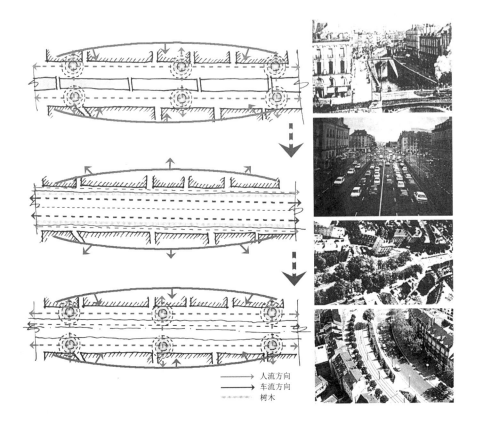

人流方向

车流方向

树木

4.5.3　城镇旧有纹理发生断裂时的修补

在城市的某些地区，由于自然灾害、战争或集中出现的大规模的城市问题所引发的衰落，使城市纹理发生断裂，城市中具有一定意义的建筑发生衰变，其所在地块与城市周围景观不连续。对这种类型地块的修补是在城市整体框架下，按照城市发展的具体需求进行的，存在着多种可能性，但无论是何种可能性，历史留下的痕迹都不会被抹杀，它们会被组织到新的城市空间中去继续延续其生命，图4-53分析了这种演变的可能性。

洛特公园就是这样一个例子，它位于巴塞罗那老城中心东北方向的圣马丁区，这个美丽的城市空间建立在一个已被严重损坏的废墟上，这个废墟并没有在新的城市建设中被摧毁和孤立，相反，它们被分别有效地组织在新的空间中，在新的场所中重新焕发了新的活力。四周局部保留的墙体既对外保持了原有街道空间

图 4-52 50 人质大街
环境发展的演变过程

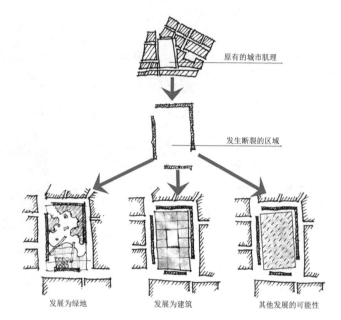

原有的城市肌理

发生断裂的区域

发展为绿地   发展为建筑   其他发展的可能性

图 4-53 城市旧有纹理发生断裂时修补的可能性分析

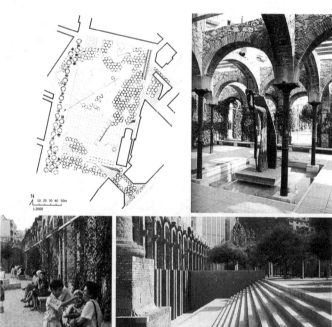

图 4-54 Parc del clot 中历史痕迹的应用（图片来源：图 4-54、图 4-58 均引自杨·盖尔，拉尔斯·吉姆松著.何人可，张卫，邱灿红译.新城市空间 [M]，第 189 页）

的感觉，又对内界定了公园的边界，它又像一扇扇敞开的古老的窗，让人们来回取景。同时，公园在废墟内部生成，也表明了在城市发展过程中，一个特定建筑的历史发展轨迹（图4-54）。

这样的处理手法，笔者在德国卡塞尔也曾看到过多处，一处是一座新建筑完全从旧建筑遗址内部"生"长出来；一处成为一个居住区步行桥的入口；还有一处建筑废墟并没有被拆除，它依然矗立在原来的位置，等待着城市发展的新的可能性……一个城市的发展，岁月的变迁都可以从城市中这些点点滴滴的细部感受到它发展的痕迹（图4-55～图4-57）。

图4-55 德国卡塞尔利用建筑遗产对旧有城市空间修补的可能性——建筑

图4-56 德国卡塞尔利用建筑遗产对旧有城市空间修补的可能性——桥的入口

图4-57 德国卡塞尔利用建筑遗产对旧有城市空间修补未来的可能性

图 4-55

图 4-56

图 4-57

图4-58 Parc del clot
中对旧材料的利用

对旧墙的利用不止在边界上，在公园的一角，旧厂房的局部被组织进一组喷泉水景中；而另一段25m长的砖墙被改建为罗马渡槽，轰鸣的小瀑布从4～5m高处倾泻到水池中，公园使用的砖也是从这个旧厂房中回收的（图4-58）。

4.5.4 城镇中建筑遗产及其环境演变为公园绿地的一部分

由于城市发展带来的城市功能的变更，使城市中某些建筑遗产及其周围环境演变为城市中公园绿地的一部分，但是功能的转换不应该使城市的历史纹理彻底改变，要注重保护其中的建筑遗产，使其在新的环境中依然可以被判读出来，再次成为新的城市活动的载体，体现其在城市中发展演变的过程。随着建筑遗产概念的迅速外延，原来只有具有"高等"文化地位的建筑遗产才被保护起来，现在由于社会和经济的发展，煤气站、粮仓、酿酒厂、市场、码头和酒吧等也被视为城市历史发展阶段的特定产物，而被保护起来，并组织到新的活动空间中。

1. 德国汉堡的Stadtpark

Stadtpark位于汉堡市中心东北约5km处，占地151hm²，约1.8km长，650～1000m宽，是一个从1900年就开始建造的老公园，也是世界上最早的现代主义公园之一。公园由建筑师弗里茨·舒马赫和弗里茨·施佩贝尔于1910年设计完成，布局特点是沿1800m长的轴分布，这条轴结合了12hm²开阔的草坪和8hm²的椭圆形湖泊，舒马赫将此描述为："一个植入自由形式主体的几何框架"（图4-59）。在以后的数十年中，公园中陆陆续续建起了一些供大众娱

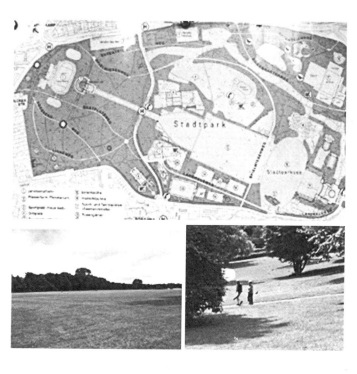

图 4-59 Stadtpark 是世界最早的现代主义公园之一

乐的建筑：水塔（后再其上加建了天文馆）、奶制品大楼、大饭店、咖啡馆、沃尔特郊外别墅等等，是符合当时社会发展变化需求的"人民公园"。

　　第二次世界大战期间同盟国炸弹的袭击给公园留下了战争的痕迹，公园的焦点——大饭店，以及奶制品大楼、咖啡馆等一些最坚固的砖石建筑被炸弹摧毁。1948年公园开始重建，与园内唯一毫发无损的建筑——水塔形成鲜明对比，公园内的被毁建筑没有进行任何重建，反映了在城市发展特定历史时期所产生的公园设计，由于不可抗拒的力量而消失了，半个世纪后时代变化了，新的需求、新的目标使得新的设计不可能回归从前，而是在历史的基础上前行。但是这些战争的痕迹并没有被忘记，或是被抹去，它们在新的时间和空间中找到了重生的印证：公园的焦点——大饭店消失了，它前面的模纹花坛和幽静的后花园却在今天公园中的规则花园和各个主题小花园中恢复了生命力；被炸毁建筑的残余部分仍然得到保留，并改建成为新用途的各种功能建筑，一些残存的遗迹也都结合在公园的各种设施中。不仅如此，笔者在2005年参观这个公园的时候，看到公园的管理者将这些公

图 4-60 Stadtpark 中历史痕迹的应用

园旧貌的老照片设置在相同视点，使每一个参观者都可以感受到它在历史时空中变化的过程。Stadtpark反映了从现代园林→废墟→重生的历史足迹，并且通过这些历史遗存的真实保留和合理利用，使后人可以跨越时间和语言的障碍去读取过去的历史，获得清晰而准确的信息（图4-60）。

2. 巴黎贝尔西公园

贝尔西地区位于巴黎市东部，塞纳河右岸，从18世纪开始，这里就一直是巴黎重要的酒码头和仓库，酒是贝尔西地区历史的创造者，直到城市地价的上升使这些码头外迁，这一地区也逐渐被废弃。

这一地区在巴黎城市中属于环境比较恶劣，任何保护性的修补都无济于事，必须进行大规模的整治的区域。在1977年的城市总体规划中为了延续塞纳河两岸的城市公共空间，确定在此建设一个大公园。以前许多对这样区域的改造都是对现存城市要素的彻底抛弃，但现在这样的做法已引起人们很多的怀疑。这也就难怪1987年这个名为"记忆的花园"的方案能够在为贝尔西公园组织的竞赛中脱颖而出。酒码头的历史曾在这一地区占主导地位，但这段历史的载体——酒库将被拆除，为公园让出土地。考虑到每个时期的城市功能都是相对单一的，它们留下的痕迹在同一地区相互叠合。中标方案最重要的特点就是在公园内部组织了两套路网系统，新增添的一套路网系统构成了现代公园的结构骨架；同时保留了一部分原有的道路和铁路线，形成另一套路网系统，这些道路保留了原来的材料，和公园内保留的原有酒窖和树木一起保持原有的空间关系，成为反映当地历史信息的重要景观要素，成为酒库历史的见证（图4-61）。

改造的实施成功地赋予了贝尔西地区以新的活力，但功能的转换并没有使延续了300年的城市纹理演化产生彻底变化，而是通过规划中城市要素的重组，使其成为新的城市活动的载体，在继续使用中延续它们的生命（图4-62）。

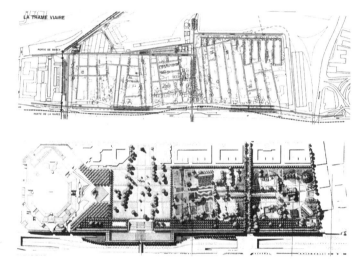

图 4-61　法 国 贝 尔西公园原有路网和规划平面（图片来源：*Pairs Project*，1993，第 30 ~ 31 页）

图 4-62　法国贝尔西公园中历史痕迹的应用

4.5.5　产业建筑遗产的环境设计

实际上这种文脉的利用和历史建筑的环境设计有很大的不同，这从根本上是一个强加给设计场地的过程，不可避免地要对场地的信息进行删减和再利用。

在这类设计中，德国杜伊斯堡风景公园无疑是受到众人瞩目的项目，这里面巨大的鼓风炉作为公园标志性的景观，给人以深刻的印象，但是在采访公园的设计师彼得·拉茨教授的时候谈到如何处理鼓风炉的思路时，他却强调："实际上，我对物体的印象及它们丰富的寓意不感兴趣。当开始设计时，我唯一要知道的事情是有多少因素和物体能为我所用，以及有什么样的可能性去表达它们的存在。"[1]在做这类设计时拉茨教授从来没有感觉想要或者正在做什么新的东西，他真正想做的是寻找一些在某种场所能恰当解决问题的办法，在保留真实性、可读性基础上寻找适合于该场地的再利用。在2002年笔者参观这个公园时，真实感受到他以这种平和、理性的设计思想来处理这主题的努力，工厂原有的历史信息不仅得到了最大限度的保留，而且都被组织、利用到新的景观系统中去，在这一独特的场所中焕发出独特的魅力。废弃的料仓变成了不同主题的小花园，高架铁路改造成为步行道以便从不同层面来欣赏公园，高高的混凝土高墙成为攀岩训练场和儿童乐园……在这一主题下，公园的植被特色粗放，荒草也任其生长（图4-63）。

❶ 引自：韦峰，王建国编译，《景观规划设计一席谈——访德国景观建筑师拉茨教授》，规划师，2004年，第11期，第106页。

图4-63 德国杜伊斯堡风景公园

4.5.6　位于乡村的建筑遗产及其环境

由于这类建筑遗产周围很少是建成区，所以它的环境问题相对来讲比较简单，主要是尽量减少人为因素对它的干扰。例如英国的巨石阵周围就是广袤无垠的原野，烘托出它神秘的气氛，遗址所需的管理、服务设施都远远地藏在不显眼的地方。

2005年笔者在瑞典参观学习时，也游览了一处位于乡村高速公路旁的著名的城堡废墟。它与高速公路的服务中心结合在一起，但是与服务中心分别位于高速公路的两侧，之间以涵洞的形式相连，这样既便于人们的参观，又把对遗址的干扰降低到最小（图4-64、图4-65）。

图 4-64　瑞典乡村高速公路旁的城堡遗址

图 4-65　瑞典城堡遗址游览线路的组织分析

城堡原貌

城堡遗址

城堡下美丽的村庄

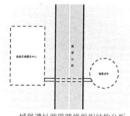
城堡遗址游览路线组织结构分析

高速公路旁的城堡遗址

与服务中心相连的涵洞

4.6　小结

这样的例子还有很多，到过欧洲的人都有这样的感觉，在市中心、老城区建筑和环境的设计都是相当审慎的，我们在画册里看到的"新"设计几乎都在郊区。国外建筑遗产环境设计特别是位于保护区内的一般都是在城市整体框架下进行的，总结起来有以下特点：（1）建筑遗产保护的范围日益宽广，并针对遗产保护的各个层次，制定相应的保护和管理措施。（2）保护建筑遗产外部空间的尺度和特色，并制定出一套详细的、对实际建设有控制力和指导性的保护规划条例。(3) 国外建筑遗产的环境都是放在城市的整体层面上，放在场地的大环境下一起分析研究，将外部空间特色通过分析，进行分类总结，并在设计中保持外部空间的结构和特色。(4) 如果建筑遗产以及环境由于自然灾害、战争或集中出现的大规模的城市问题遭到了破坏，人们所做的不是去复原它或是去恢复它鼎盛时候的样子，而是留住历史的痕迹，记录下它在城市中的发展演变过程。(5) 保护和利用相结合，将历史元素组织到新的城市要素中重新利用，使之在新的场所中延续自己的生命。(6) 注重建筑遗产周边环境活力的恢复，使城市的历史通过人们的使用和交流得以鲜活地传播。所有这些都是我们在做相关项目的时候值得借鉴的方法。

第5章

我国建筑遗产保护的发展历程、
法律法规保护制度及不足

5.1 我国建筑遗产保护法规制度发展简要历程

5.1.1 我国文物建筑保护的缘起

建筑遗产在古代中国是把它作为一种过去统治的象征和代表，加以破坏和摧毁。古代中国就有项羽火烧秦咸阳城"大火三月不灭"的故事，在以后的改朝换代中，大多会把前朝建设的建筑和城市加以毁灭性破坏，这就叫作"革故鼎新"。如公元12世纪金兵攻入北宋都城汴梁后，就把宏伟的"大内"和"艮岳"，即皇宫和苑囿全部拆毁，并把拆下的木梁柱和假山石全部运到了北京，建筑金中都城。以后金灭辽，元灭金，那时的辽南京、金中都，都遭到了彻底的破坏。我国保护文物古迹的活动可追溯到20世纪20年代，1922年北京大学设立考古研究所，后设立考古学会。

5.1.2 我国保护法规的发展历程

在中华人民共和国成立以后的1950年5月，发布有关文物保护的政令，7月6日又发出"关于保护文物建筑的指示"。1961年3月14日，国务院颁布《文物保护管理暂行条例》，公布首批全国重点文物保护单位，实施了以命名"文物保护单位"来保护文物古迹的制度。1982年11月19日颁布《文物保护法》。同年2月8日，国务院批转了国家基本建设委员会等部门《关于保护我国历史文化名城的请示》，批准了北京等24个有重大历史价值和革命意义的城市，为国家第一批历史文化名城。1985年中国政府加入《保护世界文化和自然遗产公约》。1986年国务院确定将文物古迹比较集中，或较完整地保存某一历史时期的传统风貌与民族地方特色的街区、建筑群、小镇、村落，依据它们的历史科学艺术价值划定为历史文化保护区加以保护，同年12月8日，国务院批转城乡建设环境保护部、文化部《关于申请公布第二批国家历史文化名城名单的报告》，批准了上海等38个城市为国家第二批历史文化名城，并明确了历史文化名城的审批标准。1994年1月，又公布了哈尔滨等37个城市为国家第三批历史文化名城。2001年8月，又将秦皇岛市山海关区列为历史文化名城，现在国家历史文化名城的总数已达到101个。

5.1.3 我国建筑遗产保护中的三个层次与相应的法规制度

我国建筑遗产保护体系包括三个层次：（1）保护文物古迹；（2）保护历史文化保护区；（3）保护历史文化名城。相应的主要保护法规制度见表5-1。

中国历史文化遗产保护发展的主要法律法规　　　　表5-1

(1) 文物古迹、历史文化保护区及保护历史文化名城都适用的法律	
1979年	《中华人民共和国宪法》第22条
1982年	《中华人民共和国刑法》第174条
1989年	《中华人民共和国城市规划法》
1989年	《中华人民共和国环境保护法》
(2) 专指文物古迹保护的法律法规	
1950年	《关于保护古文物建筑的指示》
1950年	《关于名胜古迹管理的职责、权力分担的规定》
1951年	《地方文物管理委员会暂行组织通则》
1951年	《在基本建设工程中保护文物的通知》
1953年	《关于在农业生产建设中保护文物的通知》
1956年	《关于古文化遗址及古墓葬之调查发掘暂行办法》
1961年	《文物保护管理暂行条例》
1961年	《国务院关于进一步加强文物保护和管理工作的指示》
1963年	《文物保护单位保护管理暂行办法》
1963年	《关于革命纪念建筑、历史纪念建筑、古建筑、古窟寺修缮暂行管理办法》
1964年	《古遗址、古墓葬发掘暂行管理办法》
1980年	《关于加强历史文物保护工作的通知》
1982年	《中华人民共和国文物保护法》
1987年	《纪念建筑、古建筑、古窟寺等修缮工程管理办法》
1992年	《中华人民共和国文物保护法》
1993年	《关于在当前开发区建设和土地使用权出让过程中加强文物保护的通知》
2000年	《中国文物古迹保护准则》
2002年	《中华人民共和国文物保护法》第二次修订
2003年	《中华人民共和国文物保护法实施条则》
(3) 与历史文化保护区保护相关的文件	
1997年	《转发"黄山市屯溪老街历史文化保护区保护管理暂行办法"的通知》
2004年	《城市紫线管理办法》
(4) 与历史文化名城保护相关的法规	
1982年	《关于保护我国历史文化名城的指示的通知》
1983年	《关于加强历史文化名城规划工作的通知》
1986年	《关于公布第二批国家历史文化名城名单的通知》
1994年	《关于审批第三批国家历史文化名城和加强保护管理的通知》
1994年	《历史文化名城保护规划编制要求》
2005年	《历史文化名城保护规划规范》

资料来源：李其荣，《城市规划与历史文化保护》，南京：东南大学出版社，2002：45。

5.2　建筑遗产保护法律法规在层次上的不足

5.2.1　与我国遗产保护体系相对应的全国性法律法规不完善

在我国建筑遗产保护体系的三个层次中，文物古迹保护的法律体系相对完善，而针对历史文化保护区与历史文化名城目前仅有数量很少的法规性文件，缺少与之对应的法律法规，特别是对历史文化保护区的立法几乎是空白。目前有关保护的法规性文件，多以国务院及其部委或地方政府及其所属部门颁布、制定的"指示""办法""规定""通知"等文件形式出现，大部分文件由于缺乏正式的立法程序，严格意义上都不能算作国家或地方的行政法规。这反映出我国的保护过多依赖于行政管理，过多依赖于"人治"而不是"法制"的现状。在这一点上，我国与法国建筑遗产保护多层次的法律保护制度相比，存在巨大差距（详见4.1），所以其后果体现于城市面貌上的差距也就不足为奇了（图5-1）。

图5-1　"千城一面"的城市面貌（图片来源：www.qda.cn/news tpxwl.asp）

5.2.2　资金保障上的不足

给保护对象提供资金保障是各国法律的重要内容之一，资金保障的内容往往不仅包括资金投入的对象，还明确提供资金的机构，甚至还涉及具体的金额与比例等，非常细致而落实。在法国与遗产保护有关的最重要的两个法律《历史古迹法》和《马尔罗法》中，对资金补助的规定也是最重要的内容之一；日本在法律文件中不但规定了资金的来源，而且对国家、地方政府的资助比例也有明确的规定。而我国和国外相关的保护法律法规比起来，由于社会经济的发展水平不同，资金保障和保护还没有挂起钩来，全国文物保护经费虽然也在大幅度增长，中央财政用于文物保护的专项经费从1994年的1.29亿元增加到2005年的5.34亿元，

"十五"期间,全国投入到文物保护的经费(不包括专项经费)共计78.89亿元,其中中央财政是17.36亿元(不含一些专项经费),比"九五"增加10.06亿元,增幅为138%,但落实到具体的单位,则显得杯水车薪。

5.2.3　保护数量上的不足

这里对比几组数据:

法国历史建筑到2000年共有列级和登录的39000个;历史建筑周边地区到1998年共有3000000hm²,占整个国土面积的5.4%;保护区到1999年共有91个,大约覆盖了6000hm²的历史地区,有80000居民生活在保护区中;建筑、城市和风景遗产保护区到1998年共有250个,另有600个在研究制定中,总面积大约占17000hm²。通过层层的保护,今天在法国,列入保护范围的区域占国土面积的6%,在一些行政省这个指标达到了16%,而在一些城市甚至达到了50%,建筑遗产已经成为法国人生活环境的一部分。

美国到1994年登录总数62000个,包含900000多项历史资源。其中73%为建筑物,14%为历史地段,7%为史迹,5%为构筑物,还有不到1%的为物件。

日本到2000年为止,有指定文化财2184件,登录文化财1778件。

我国到2003年为止共有"世界遗产"31处;国家历史文化名城103个,中国历史文化名镇10个,中国历史文化名村12个;全国已登记的不可移动文物近40万处中含重点文物保护单位1271个,省级文物保护单位9300处,市县级文物保护单位58000处,三个级别相加起来将近70000处。

由以上数据可以看出,有着五千年悠久历史的我国,在保护的数量上和只有300年历史的美国差不多;我国的文物保护单位数量如果按国面积的比例算,应有817860个,而且法国的数据更强调的是区域的整体保护,在这点上,我国的差距就更大了。同为文明古国、发展中国家,埃及由中央政府直管的文物多达2万多处,印度是5000多处,越南虽然疆域不大,但"国保"类文物也多达2800多处,而我国与此对应的仅1271处,这与我国作为世界文明古国的地位很不相称,从而更加说明有大量散落在城市、乡村的建筑遗产必将会随着经济和社会的发展,日益走进我们的视野。

5.3 跳出建筑遗产保护法律法规不足的影响

5.3.1 对建筑遗产的法律法规保护层次上的不足的认识和思考

1. 对城市的特色构成的认识

我们保护建筑遗产就是想保持每一个城市的特色，卢森堡建筑师L·克里尔在对城市形态元素进行划分时，将城市元素归纳为两种基本元素（图5-2）：一种是公共形态元素（public）；另一种是个人性形态元素（private），整个城市的形态都是通过这两种因素组合而成的。在两者的关系上，公共形态元素具有统治地位，形式比较灵活；而个人性形态元素处于从属地位，形态比较单一。

这一关系组合反映在建筑遗产保护领域，公共性形态要素就如同城市中重要的文物建筑，它们一开始就得到了重视，并且受到了保护，保护的手法各国也都差不多；而个人性形态元素覆盖了城市的大部分，它们从开始不被人们所重视，到现在人们越来越发现其中蕴藏的魅力和价值，其城市空间特征呈现出的多样性和复杂性是城市历史最忠实的代言人，是传承历史与文化的重要载体。意大利古建修复的代表人物乔瓦诺尼❶则将城市这种逻辑关系认为是主要建筑和次要建筑的关系，并认为保护次要建筑比保护主要建筑还重要。正因为如此，在《马丘比宪章》中也写道："城市的个性和特性举借于城市的体型结构和社会特征，因此不仅要保护和维护好城市的历史遗迹和古迹，而且还要传承一般的文化传统，一切有价值的说明社会和民族特色的文物必须保护起来。"而这一点正是我们国家最欠缺的。

2. 国际上建筑遗产的观念在迅速外延

建筑遗产保护也是属于"时间"的科学，并且和国家的经济发展水平密切相关，很多现在我们认为无价值的东西，会随着时间的流逝而日益显现出它们的文化价值。世界对遗产保护突飞猛进的进步都不约而同地发生在经济复苏的20世纪60年代，我国

❶ 乔瓦诺尼（Gustavo Giovannoni，1873~1947年）。

图5-2 L·克里尔对城市形态元素的分类（图片来源：汪丽君著，《建筑类列学》，第61页）

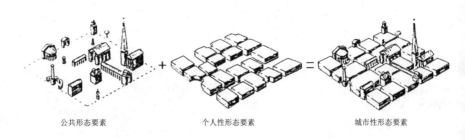

公共形态要素　　　　个人性形态要素　　　　城市性形态要素

今后的发展趋势也必将是这样。纽约中央车站在建成仅54年后的1967年就被列为保护建筑。赖特设计的所有建筑几乎都挂上了"历史性地标"的牌子。1995年，日本对重要文化财的认定标准推进到前50年；1988年，英国对登录建筑的年限定在10年以上。

过去只有历史上占有重要地位的伟大建筑作品才能得到考虑，例如在美国过去也只有具有"高等"文化地位的建筑（如教堂、市政厅）或与重要人物有关的建筑（如林肯幼年居住过的住宅）才能列入保护范围，尽管如此，1850年美国开国总统乔治·华盛顿曾经住过的沃农山住宅也由于经济原因差一点被卖掉。现在由于社会和经济的发展，建筑遗产保护的对象扩大到开发时期的简易木屋、煤气站、粮仓、酿酒厂、市场、码头和酒吧等。这种变化导致了观念的变革，文化没有高低贵贱，即通俗文化、大众文化与"高等"文化、学院文化一样重要，一样值得关注（图5-3、图5-4）。

3. 我国的建筑遗产的观念亟待更新

我们更应该清楚地认识到，我国被保护的建筑遗产的范围和数量都是很狭窄的。我国公布的各级文物保护单位，只是悠久的历史文化遗存之中的九牛一毛，这些寥寥可数的文物建筑远远反映不了历史，构不成相对完整一些的历史记忆、集体记忆。现在普遍的观点好像是民国的建筑还勉勉强强能挤进文物建筑，中华人民共和国成立以后建的都不算。以我国经济最发达的上海为例，上海市区面积为3248.7km²，相当于英格兰国土面积的2.5%，

图5-3 建筑遗产保护的对象在不断扩展［图片来源：王世仁.为保护历史而保护文物——美国的文物保护理念［J］.世界建筑，2001（2）］

图 5-4 酒窖、码头、市场、仓库等也被扩展到保护范围内（图片来源：陆地著，《建筑的生与死——历史性建筑再利用研究》，第 82 页）

如按英格兰的比例折算，上海市区应有12500处保护建筑，175个历史文化保护区，而整个上海截至目前也只有398处保护建筑，11处历史文化保护区。而其他广大经济欠发达地区，这种情况就更为严峻。通过比较，不仅是要说明我国的遗产保护法制建设亟待完善，保护对象亟待扩大，更值得我们关注的是，我国是一个拥有五千年悠久历史的文明古国，但是却有大量富含历史文化信息的、非文物性的建筑遗产并不在保护范围内，散落在城市的各处。在数量上，它们无比巨大，在文化价值上，正是它们构成了区域历史文化的主体，不能因为它们的现状差，就被认为没有价值，必须被拆除。它们也许暂时够不上"文物建筑"的标准，但随着时间的发展，他们会逐渐被重视起来。

事实上，每年都有很多这样的项目在进行，电视上的报道："前门大街又将改建，数家老字号又将面临被拆迁的境地，这些老字号曾令多少老北京无限留恋，人们纷纷从四面八方，有的甚至从海外找回来吃，并以DV形式记录下来，因为不知什么时候就会再也找不到了。"现在这里的规划是商业步行街，但就连主持人也评论说："北京这样的项目建了不少，但真正成功的几乎没有。"据估计，最近两三年，北京的胡同正以每年600条的速度在消失（图5-5）。

图5-5 即将被拆迁的前门大街（图片来源：浏览前门大栅栏周边的北京老字号，中国广播网，01月27日）

5.3.2　跳出建筑遗产保护法规的不足，负起设计师的责任

综上所述，我们对建筑遗产的认识直接影响到规划设计质量的高低，所以设计人员在做相关项目的时候，对重要文物建筑的保护一般还是有共识的，但对城市中大量有历史价值的非文物建筑遗产我们不应该没有认识。历史的痕迹拆了就没有了，只要留下来，也许现在还没有能力把它搞好，但终会随着时间的推移、观念的变化、经济的发展，会日益显出它无法替代的魅力。写到这里不禁又联想到了北京的城墙，在中华人民共和国成立初期百废待兴的时候，只有故宫、天坛、颐和园等被认为是文物，城墙被认为是制约城市发展的绊脚石，并最终在20世纪60年代陆续被拆毁。但是到今天谁又能不认识它的魅力呢？我们只有从瑞典人喜仁龙撰写的世界上最完整的北京城墙资料上体会它的美丽："我所以撰写这本书，是鉴于北京城门之美，鉴于北京城墙之美，鉴于它们对周围古老的建筑、青翠的树木、圮败的城墙等景物的美妙衬托……它们与周围的景物和街道，组成了一幅赏心悦目的别具一格的优美画图。"❶所以我们的今天不应该让过去的悲剧再次重演，不应该认为没有遗产保护相关法律法规的约束，就有了"自由度"，相反地，我们更应该有正确的观念，负责任地捡拾起历史的痕迹，不遗余力地保护珍贵的建筑遗产，因为它们是不可再生的，同时更应避免打着保护名义的破坏。但遗憾的是，在中

❶（瑞典）奥斯伍尔德·喜仁龙，徐永全译，《北京的城墙和城门》，北京：燕山出版社。

国建筑遗产现状条件差、保护过多依靠"人治"的情况下，大部分官员保护观念相当淡薄，这时候设计师如果再没有正确的观念和紧迫感，就会做了破坏遗产的"帮凶"。

5.4　对北京大学校园核心区大规模拆迁的思考

事实上，上面我所谈到的这些问题现在正反映在当前的一个热点话题上——"春节刚过，媒体报出的这则令人触目惊心的消息——北京大学未名湖以北的朗润园、镜春园和全斋区域内的平房将拆迁，拟新建'北京国际数学研究中心'，可以说使很多人再也找不到过节的好心情了。"❶从海淀建委的拆迁公示上看，北大不仅有最冠冕堂皇的理由——为了建设重点学科和引进人才，还有所谓"合法"的手续——国家发改委、教育部对北大申请立项的批复及市规委批准。而且有关负责人在北京大学未名湖北岸文物保护和环境整治启动新闻发布会上如此表示："我们这次拆迁不仅不会拆掉古建筑，相反会恢复明清时期的古建筑风貌。这是一次保护文物的重要活动"，"透露拆迁只是针对70%的居住用平房区，以及私搭乱建的建筑，而对于文物建筑将全部保护"。而所谓的明清时期的古建筑风貌就是"即将在此新建的建筑也将是仿古外观，所有新建的高度都将被限制在9m以内，整治驳岸水系，还原历史风貌"❷。但是这种现象发生在中国学术的最高学府之一——北大，就不得不令人深思了。

首先北大是全国重点文物保护单位，用来办学的"燕园"不是一片农田或一片普通的城区，而具体拆迁区域的朗润园和镜春园，是古园的遗址，据了解原为宫廷式建筑，是清代八大古园遗址中的两园（图5-6）。前者曾为清朝的亲王府，住过道光帝第六子恭亲王奕訢等亲王，后归贝勒载涛所有，并于19世纪20年代卖给北大作教工宿舍。后者原为圆明园附属园林之一，住过乾隆宠臣及道光帝第四女寿安固伦公主等人。即使抛却充满对清朝历史记载的建筑的因素，恐怕留下许多文人墨客印迹的朗润园与镜春园，也是北大历史上难以重新书写的一个符号。在这样的"遗迹"里拆房子，谁能保证拆掉的仅仅是"破旧平房"？从两园现状看，除去几栋后来翻建的仿古建筑之外，在众多搭建的平房之中，实际上还可以"判读"出诸多年代不短的建筑。但一个显然的疑问是，要拆除建筑的范围究竟如何界定？事实上，若不加以妥当保护和修缮，又有哪一座古建筑不会成为"破旧平房"？因为成了

❶　引自：http://news. tom.com，2006年02月11日，11时41分，来源：瞭望新闻周刊。

❷　引自：http://www. sina.com.cn，2006年02月17日，16：35，北京晚报。

图 5-6 面临拆迁的北大镜春园、朗润园内的平房区（图片来源：北大"旧貌换新颜"之日未定 寻镜春、朗润旧事 [N]．北京娱乐新报，2006 年 02 月 06 日）

"破旧平房"就想怎么拆就怎么拆吗？

　　也有人对此次拆迁表示质疑，认为未名湖畔这些原生态的园子具有独一无二的价值，这里作为教师住宅也有近百年历史，尤其当你顶着炎炎烈日穿过中关村嘈杂的环境，一进北大校门时，心境立刻就清爽很多，与那些高楼大厦相比，北大校园，特别是未名湖周围区这个地方极适合人居住。北大发言人说："如果真正关注北大对文物的保护，就应该关注一下北大未名湖的水。"但是有点常识的人都知道"破旧平房"会影响水系治理吗？北大的精神不只在于湖塔的风景，而在于先进的人文思想，作为北大人文风景中不可抹杀的一道景观，朗润园与镜春园的行将倒闭，显然是对北大人文精神的一种侮辱。然而，怀旧的思绪终究抵挡不住现代化有力的脚步，斯是陋室也阻挡不了钢筋水泥的重量，不禁令人感慨万千（图5-7）。

　　事实上世界上很多的建筑遗产都曾经破旧不堪，就拿巴黎

Marais保护区中的普通住宅区圣保罗村（Village Saint-Paul）
的改造为例，这个区域也曾经是巴黎20世纪30年代的第16号"不
卫生区"，并从40年代开始改造。从整治工程的规划图纸和整治

图5-7 "破旧的平房"
和干涸的水面成为
这次拆迁的主要理由
（图片来源：北京大
学主校园将开始大规
模拆迁，http://www.
sina.com.cn，2006年
02月06日）

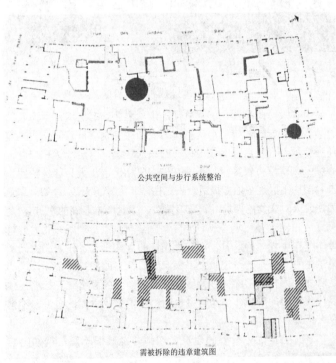

公共空间与步行系统整治

图5-8 圣保罗村的两
张整治规划图（图片
来源：Maurice MINOST,
Le Marais: Un Urbanismel
iberal）

需被拆除的违章建筑图

前后的照片对比中，我们可以看出，建筑物外部空间的治理和提高公共空间的使用率是改造的重点，改造后，不仅连非文物性质的住宅建筑未变，它的空间格局、内在生活都保持不变（图5-8、图5-9）。

新天地也曾是破旧的里弄住宅，尽管对这种历史街区的改造方式存在着巨大的质疑，但是它毕竟保留了以往旧区改造项目中一贯被认为应该拆毁的大量非文物性质的民居建筑的外形和部分的空间格局，在全国产生了巨大的影响（图5-10），难道一贯以先进文化而著称的北大还不如香港瑞安集团吗？

也许人们会说我们没有钱做那样的工程，但找不到更好的办法，留下来总比彻底毁了强，留下来还有以后做得更好的可能性，毁了就什么也别想了。一位一周三次进园凭吊的北大退休任姓教师说得好，她说："北大能保留这园子到现在就立了大功，这

图5-9 圣保罗村改造前后的对比(图片来源：Jacques LUCAN, Paris 100ans de Logement, 1999)

图5-10 上海新天地里弄改造前后的对比［图片来源：马崇恩，陈刚毅．让历史与未来在今天交汇[J].室内设计与装修，2001（11）］

园子到处都是古迹，以后不能只是留下一两处做样子。"北大会把这功劳保持下去吗？我还是宁愿相信，以北大的文化底蕴，一定会用最先进的保护理念，保护自己身体的一部分，在文化领域再次为全国人民树立一座丰碑。

5.5 小结

上面用了这么多文字，似乎都在说建筑遗产，但是中国现在最尖锐的问题就是保护观念上的偏差，作为一个遗产大国，我们本应呈现给世人更加迷人的东方古都风貌，但大量的建筑遗产不仅被摧毁，甚至连尸首都找不到了。而建筑遗产的环境更是长期以来得不到重视，更有甚者被称为环境治理，当作开发建设的挡箭牌，那么这里面所做的设计的水平就可想而知了。如果对建筑遗产保护都没有一个正确的观念和做法，那么建筑遗产的环境保护就更加错误百出了，这也就难怪在现在涌现出来的作品中，能称得上精品的实在不多——请注意建筑遗产环境设计的"精品"绝不等于"精品园林"的概念，这一点在下一章节中还有具体的分析。

第6章

我国建筑遗产环境设计中
存在问题的探讨

6.1 不同等级和层次的遗产面临不同的问题

中国历史悠久，各种类型的建筑遗产种类多、数量多，同时，经济又相对欠发达。最近20余年经济的高速发展，对传统文化带来巨大的冲击，使建筑遗产及其环境面临种种问题。而且，相对建筑遗产本体，建筑遗产环境面对的是看似简单明了——不被重视，而实际更为复杂的问题。作为设计师，环境问题首先面临的是范围不明确，"物化"环境时间段、内容不确定等具体而复杂的技术问题。而这些问题，对遗产本体而言是明确而可考的；同时环境又面临资金、使用等技术问题以外的压力；再加上遗产本身又被部分人认为是有"高低贵贱"之分的。在论文写作中，与导师多次探讨，深感有必要对此问题加以分类、比较，但由于研究时间和资料掌握的限制，因此，较难做比较细致的类型区分。在本章中笔者试图从保护等级方面分类对比，目的是更好地反映问题的紧迫性和严重性。同时，借此对我国建筑遗产环境设计和保护中存在的问题加以简单地梳理，以便更好地面对经常遇到的、分布最广的一般建筑遗产的环境问题。

6.2 世界遗产、国家级文保单位、风景区环境设计问题探讨

从受重视程度和保护力度看，世界文化遗产、国家级文物保护单位、国家级风景名胜区等，无疑是最重量级的建筑遗产，这些遗产及其环境受到重视的程度最高。联合国教科文组织对申遗项目的环境有严格的要求，国家各级主管部门对国家级文物保护单位和风景名胜区都有各项严格的管理措施和要求，对其周边环境也有具体的规划和管理要求。即便如此，遗产、文保单位、风景区，尤其是它们的环境仍会受到干扰、冲击甚至严重的破坏。例如，洛阳龙门石窟在申报世界文化遗产前，政府及有关部门为满足申遗条件，花费2亿多元巨资，全部拆除和清理了其大门外的各种杂乱建筑和有害环境，有效地改善了龙门石窟的整体环境，达到了申遗的目的。我们看到，龙门石窟本身的修缮、保护，政府投入了大量的人力、物力和财力，但是对其周边环境，长期以来没有得到足够的重视。最终，在联合国相关条件和专家的压力下，被迫采用大量人力和财力对环境进行了整治、清理，这一过程并非自觉行为，申遗作为发展旅游的条件被政府认同，

此时，经济和利益的驱动，从客观上讲是重视环境的前提。从申遗完成后，又开始有组织地大量兴建售卖小商品的建筑，可以看出对建筑遗产环境的漠视和无知，这些建筑对龙门石窟整体效果和氛围的破坏作用应该是很明显的，难怪受到联合国有关组织的警告。

同样，国家风景名胜区也不能幸免，君不见观光缆车在专家们的反对声中于各大风景区中耀武扬威地穿行；甚至阿富汗的巴米扬大佛也进了风景区的保护地带（外围环境中）。在我国，国家级文物保护单位或风景区往往同时又是世界遗产，尚且遭此厄运，其环境尚且如此易受破坏，其他"低层次"的遗产或单位的情形就更可想而知了。

6.2.1 世界遗产、国家级文保单位和风景区环境设计问题实例分析

1. 世界文化遗产张家界武陵源风景名胜区的电梯事件

张家界武陵源风景名胜区不仅是国家级风景区，还是世界文化遗产，在这样的重点保护区域竟建成了垂直高度为326m的"中美合资"的"百龙电梯"，加上近年来该景区进行无节制、超容量的开发，兴建了许多旅馆、商店，人造的"天上的街市"也竟然出现在景区，破坏了资源和环境，张家界武陵源为此遭联合国遗产委员会警告（图6-1）。

值得关注的是，这些错误行为除了有长官意识、地方利益的因素以外，难道就没有设计人员的参与吗？据我所知张家界的电梯事件，就有北京一家甲级规划设计单位的参与，并且在随后记

图6-1 世界自然遗产——武陵源风景名胜区的电梯事件

者的采访中，主持人还透露出设计师这样的观点："（1）项目本身对当地自然环境的影响不大，影响主要来自其附属设施如停车场等。（2）这个项目本来属于张家界地区开发规划之中，立项在申报世界自然遗产之前，在那时，修观光电梯是合法的。（3）在解决旅游交通方面的问题上，电梯的建立是合理的，它确实给游客带来了方便。"听起来真是让人匪夷所思，面对这样明显的错误，只用合法来解释，难道没有列入世界遗产就可以这样干吗？这还是北京的甲级设计院，这就不难想象其他设计院为世界遗产规划"天上街市"、"东方佛都主题公园"等等。

2. 国家级重点文保单位悬空寺周围环境的破坏

山西浑源的国家级重点文物保护单位悬空寺，因"悬挂"在恒山峡谷的一座向西的悬崖上得名，是全国乃至世界闻名的建筑群，其建筑特色可以概括为"奇、悬、巧"三个字，是根据道家"不闻鸡鸣犬吠之声"的要求而建造的。为了突出意境，在空间序列上，绕过一座山，就进入一片荒凉的山沟，加上悬空寺各建筑有意采用缩小了的尺度，但总体轮廓层次十分丰富，其小巧奇诡与巨大的崖壁形成强烈对比。体现一种"不食人间烟火的"、超凡脱俗的神仙境界，难怪大诗仙李白游览悬空寺后，只在石崖上书写了"壮观"二字，以表达心中的敬畏之情。

现在为了发展旅游，将山沟沟底硬质化，还在悬空寺下铺上大草坪，铺满城市绿化中常见的冷季型草，设置大停车场。更让人痛心的是，周围大比例的服务性建筑将悬空寺映衬得如同山中的模型，古代能工巧匠独具的匠心，在周围环境拙劣的规划和建设中丧失殆尽，哪里还有"壮观"而言（图6-2、图6-3）！

6.2.2 小结

图6-2 悬空寺周围环境对它的破坏

更值得关注的是，世界自然、文化遗产由于其地位的重要

图 6-3 悬空寺周围的
原始环境和新建环境

性，容易受到舆论的普遍关注，专家也不断奋力呼吁，另外还有
联合国教科文组织、世界文化遗产委员会的监督，对违反要求者
提出警告，逾期不改者就要被摘帽。例如张家界武陵源风景区为
了保住列入世界遗产名录的地位，决定将景区内近34万㎡建筑物全
部拆除，恢复原貌，为此花费了近十亿元，停运了运营不到半年
的"天梯"。那么对于其他地位没有那么重要的建筑遗产的外部环
境，又有多少人来关心呢？

6.3　省、市、县、区级文物保护单位环境设计问题探讨

中国除了上述的世界遗产、国家级文保单位和风景区，还存
留有大量省、市、县、区级的文物保护单位和风景区，其本身
在一定程度上受到国家及相关部门的保护。虽然由于城市建设等
原因，它们也不可避免地受到一些破坏，甚至被拆除，如北京平
安大道的建设，就拆毁和破坏了比较多的文物保护单位和大量的
普通建筑遗产，其周边环境的被漠视更是连专家呼吁的机会都没
有。这些遗产的环境所面临的问题，自然要比上述世界遗产、国
家级文物保护单位或风景区要严重得多，下面笔者就试图以北京
和陕西榆林市，一大一小两个地方所产生的问题，来做相关问题的
探讨。

6.3.1　北京市部分文物保护单位的环境现状

北京市作为我们国家的首都，政治、文化中心，各方面都得
到了国家的重视，应该说对文化、文物和建筑遗产的重视程度，
在全国是首屈一指的，北京的情况应该说很好地反映、代表了全
国的基本和最佳状态。笔者在2002年硕士研究生阶段，跟随导师
参加了由北京市园林局组织的《北京市中心区文物保护单位外部

园林环境》的专项规划研究，这一研究也开了全国的先河，准确地反映了北京在全国的位置。从中看到，对规划范围内201处文物保护单位的环境状况进行的现场调查，环境良好的基本为园林或大型祭坛寺观，其余建筑遗产的环境由于长期以来得不到重视，其环境的现状情况不容乐观，具体表现为：

（1）只重视建筑遗产本身的保护，尚未将文物周边环境列入保护范围，使建筑遗产成为城市中的"孤岛"，无法充分体现遗产在城市中的价值（图6-4）。

（2）周边建筑物、构筑物、城市交通性干道及各种设施构成对建筑遗产的全方位干扰（图6-5）。

（a）宁郡王府周边环境

（b）大慈延福宫淹没在钢筋水泥丛中

图 6-4 建筑遗产成为城市中的"孤岛"

（c）护国寺金刚殿东侧环境

（d）广仁宫西侧

（a）粮食店街第十旅馆

（b）万松老人塔周边环境

图 6-5 建筑遗产周边的各种设施对它全方位干扰

（c）国立蒙藏学校旧址东侧环境

（d）天宁寺

（3）作为旅游景点的文保单位外部环境没有很好地解决停车、游览观赏路线、赏景驻足点等问题（图6-6）。

（4）文物的景点及其环境不能成为整个街区中最富吸引力的地方，在视线、序列、气氛、整体格局等几个方面存在较大的问题（图6-7）。

（a）孚王府外环境

（c）德胜门周边环境

（b）燕墩周边环境

（d）东郊民巷使馆区环境状况

图 6-6　建筑遗产外部环境没有很好地解决好各种功能问题

（a）阳平会馆西侧环境

（c）西直门车站旧址外部环境

（b）报国寺北侧环境

（d）谭嗣同故居沿街环境

图 6-7　建筑遗产及其环境不能成为整个街区中最富吸引力的地方

6.3.2　以红石峡为代表的地方省、市级文保单位环境设计问题探讨

更有甚者，一些地方设计单位在利益的驱动下，由地方领导授意做出的设计就更加令人瞠目。由我校研究生乔永强同学提供的陕西榆林地区的红石峡这一省级文物保护单位面临的问题就是这一现象的典型事例，这一事例犹如冰山一角，反映了以红石峡为代表的存在于这一层次的问题。

榆林市是陕西省的地级市，红石峡景区位于榆林城北5km处、明长城口红山脚下的榆溪河谷（图6-8）。红石峡最早开凿至少可追溯到宋代，有近千年的历史。因此地自古是我国古代九大边塞之一，所以旧时官吏儒史来榆林，多在红石峡的雄山寺宴饮讽咏，唱和极兴之时，便雇人在东西石崖上题刻，留下了大量书法

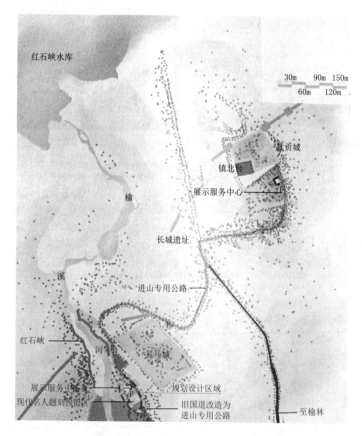

图 6-8　红石峡在整个
风景区中的位置

作品，是陕西最大的摩崖石刻群（图6-9）。

图6-9 红石峡景区的
古代摩崖石刻

　　陕西省榆林市政府和文保局，委托当地某一装饰工程设计公司，对红石峡风景区的核心——红石峡摩崖石刻群进行扩建规划，并即将把规划付诸实施，只是在实施前请熟人乔永强帮忙出出主意。

　　这次规划设计的范围是在红石峡摩崖石刻的西侧，背依易马古城，目的是为了以解决现状土崖的"安全"问题为名，将这一段没有"文化"意义的"丑陋"土崖，改造成为延续红石峡气势、展现历史文脉的新景点（规划平面和立面见图6-10、图6-11）。首先从项目实施的合法性来看，通过分析图纸和现场照片，易马城遗址的西立面应当属于红石峡文物遗址保护的核心区范围，加上易马城本身就属于历史文物，它的基础不是"丑陋"土崖——作为文物不可分割的一部分，也应当得到保护。其次就算要对周围环境进行整治，这样的设计也是不妥的。虽然此处早已不是边塞，但我们还是可以在现场感受到那种苍凉、悲壮而又充满爱国主义情怀的历史氛围，那些依稀可见的"还我山河"、"大漠金汤"、"长天铁垛"、"天边锁钥"、"雄镇三秦"等文字，与设计的"榆林颂歌浮雕区"、"磅礴题刻流瀑区"表达出来的歌功颂德的官员情绪根本就不是一个境界。此外好的书法作品不一定能转变为好的摩崖石刻。书法岩刻以及石窟这些艺术品的艺术和文化价值是通过时间来完成的。一个红石峡，是经过了近千年的历史才得以形成的，也许有些书法的艺术价值并不是很高，但正是时间的流逝和

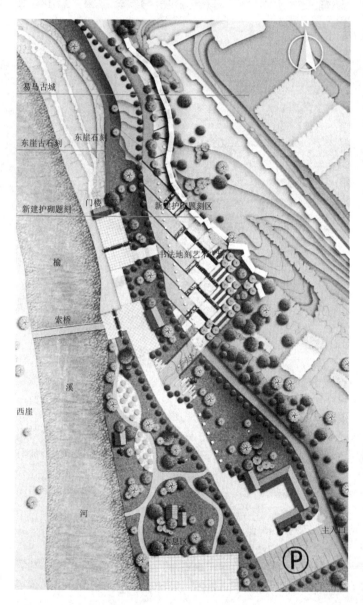

图 6-10 红石峡景区东土山崖护砌题刻规划总平面

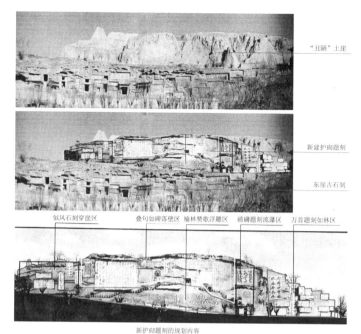

"丑陋"土崖

新建护砌题刻

东崖古石刻

似风石刻穿崖区　　叠句如碑落壁区　　榆林赞歌浮雕区　　磅礴题刻流瀑区　　万首题刻如林区

新护砌题刻的规划内容

新护砌题刻与古石刻的关系

图 6-11 红石峡景区新建护砌题刻与古代摩崖石刻的关系

自然的雕琢，才形成它目前的艺术和文化价值。这种在黄土崖壁立面上再堆砌石头仿作摩崖石刻的东西，不仅在中国没有，在世界上也没有。另外其下方以规则形式设计的书法雕刻艺术广场就更谈不上与场地的历史、文化和自然特点相结合了。

历史已经远去了，但历史的痕迹不应被抹去，甚至被粉饰。诚然红石峡景区的几个老大难问题，诸如停车不方便、没有游人集散区、上厕所不方便、买饮料不方便等问题应该解决，但不应在核心保护区解决。面对这样一个千年古迹，我们难道不应怀着敬畏的心，从远处下车，沿途体会古人的心境吗？这才是对历史、对场地精神最好的诠释与继承。也许有人会说，中国人没有这种游览习惯，但是作为规划，应该是前瞻性的、科学性的，人们的观念会随着经济的发展、社会的进步而不断提高，但是错误的建设方式是用任何方法都无法弥补的。

6.3.3　小结

在规划设计当中，必须严格区分文化内容和设计内容的正确关系，不能因设计的失误而做了破坏历史和文物的帮凶。记得有记者在采访建筑大师张开济时问他："回顾你的设计生涯，你最满意的作品是什么？"张先生回答说："我最满意的是天安门观礼台的设计，它不仅解决了功能问题，而且当你在天安门游览时，感觉不到它的存在。"这也许就是这种关系的最好诠释。我们作为后辈，比张先生有着更宽松的创作氛围，但是审视我们的设计作品，又有几个算得上满意的答卷呢？

而且相比前两类文物保护单位，有专家的呼吁、国家的重视、舆论的支持和群众的呼声，而面对大量这种省级文物保护单位，只有当地在外求学的北林大研究生乔永强孱弱的声音。更何况大量的县级、区级的文物、遗产，甚至无级别的普通建筑遗产，以至于普通建筑遗产的环境呢？

6.4　普通建筑遗产环境的设计问题的探讨

6.4.1　普通建筑遗产的环境长期以来不被人重视

图6-12 北大西门外一处被保护的建筑及其环境

普通建筑遗产给人的印象是保下来就不错了，更不要说它的周边环境，并且常常不被认为是遗产的一部分而遭到轻视，例如图6-12是北京大学西门外一处被保护的建筑，只是简单地在绿地

中用篱笆围起来，谁也不知道它的历史，它只是被留了下来，作为一种符号？一种象征？曾经听到有小孩问其母亲："妈妈，那是一座庙吗？"

6.4.2　普通建筑遗产的环境设计面临更严峻的问题

更有一些建筑遗产其本身和环境就无法分割，不能人为地按领导人、设计师的好恶来取舍，因为历史是不能被遗忘和粉饰的，如何正确地和真实地保护和延续历史和文化已日益紧迫。借用早期上海产业建筑改造为例，它们虽然被留存了下来，但在"自由"的整修中，均遭受了重大的"毁容"。这些建筑内的客户，甚至员工都很少有人知道它们的辉煌历史，就连专家们也只能从其外壳依稀分辨旧有的风貌（图6-13）。

这样的情况发生在建筑遗产的环境设计中就更多了，现在的一种现象就是，一提整治建筑遗产环境，就不分场地地用绿化环绕，完全不顾场地的历史沿革和空间特征。记得在参观"法国视觉——当代城市与建筑艺术展"时，一位设计师所作的什刹海地区的历史街区保护效果如图6-14所示，同样说明了这一问题，完全不理解中国传统街巷的意义和作用。中国城市空间体系的主体元素是一个个内向、封闭的院落，而街巷、通道则是人们之间交流的主要场所，如果说什刹海地区传统的四合院是体现老北京文化内涵的外在形式，那么将它们连接起来的街巷则是老北京文化传播的主要载体（图6-15），环境的整治不应当使四合院成为绿地中供人参观的雕塑。整体性保护建筑遗产最重要的就是要保护它的空间结构，真实地传递遗产的历史信息，让后代通过历史留下

图6-13 早期上海产业建筑在"自由"的改造中"毁容"（图片来源：陆地著，《建筑的生与死——历史性建筑再利用研究》，第306页）

图 6-14 什刹海地区的
历史街区保护示意图

图 6-15 老北京四合
院真实的外部空间

的痕迹能够记起它在漫长历史长河中的变化过程，不能按现代人的想法去抹杀它，甚至按设计师心中的理想状态去装饰它。

6.4.3 普通建筑遗产的环境需要更精心的设计

普通建筑遗产量大、分布广，它们更能反映一个城市的历史和文化。同时，由于缺乏保护的手段，而更易被损毁，其环境更是极易遭到肆意地改变和破坏。同时，设计师又会更容易地接触到，甚至接手这样的"设计"任务。因此，设计和对历史信息的保护，在这里就这样被统一起来。当然，建筑遗产的环境，其范围断代都极不易确定，因此，需要更精心的设计来对历史信息加以保护，可能无法像建筑遗产那样追求真实和原创性，但少量、有效的信息，甚至是疑问也同样产生作用。

6.4.4 对"新天地"现象的思考

城市中的普通建筑遗产是构成城市和地区特色的关键，各种遗产、遗址和遗迹从历史和文化的角度，本不应有高低贵贱的分级，但由于社会经济发展的不平衡，使得不同的历史发展阶段和不同的区域对待这些遗产产生了不同的分级方法和处理方法，从中外历史的发展情况看，人类对于自身足迹的缅怀是必然的，不会中断的。中国经济的高速发展使得这种缅怀和记忆与国外迅速逼近，过去某些在国内被遗弃而在国外可以被作为遗址的，在中国的发达地区和城市已经被部分地捡拾起来，这正证明了上述的过程。

比如在国外由于城市的发展，造成的城市功能的变迁，所留下来的工厂、码头、仓库、酒窖这些在以前看来毫无价值，应该被拆毁的东西，它们的价值现在又被重新发现，并被组织到新的城市要素中去。

同样在中国的上海，由一个破旧的老石库门住宅区改造而成的上海最时尚、最具活力的餐饮、娱乐、文化区"新天地广场"，在全国引起了巨大的反响。它最重要的成功之处是在于"留"，留下了人们普遍认为在商业性改造中应当被拆毁的"破旧房屋"的外形，留下了部分传统的里弄肌理，这些都无疑为全国树立了榜样（图6-16～图6-18）。

但同时在一片赞美声中，我们首先应该看到，对于处于核心保护的国家级重点文物保护单位——中共一大会址来说，它周边

图 6-16 改造前的新天地地区（图片来源：图 6-16、图 6-17 均引自陆地著，《建筑的生与死——历史性建筑再利用研究》，第 315 页）

图 6-17 改造后的新天地地区鸟瞰

图 6-18 新天地保留的部分传统里弄肌理和空间尺度

环境的改造完全与当时我党在艰苦危险的白色恐怖下秘密开会的历史气氛完全不符，没有起到对于文物的说明和阐释作用，以至于一提起"新天地"，想到的就是它的商业性、时尚性，完全忘记了还有一个一大会址（图6-19、图6-20）。

其次对于历史街区改造来讲，它的文化内涵也是被篡改的，由一个平民生活的象征转换成为一个充满高档奢侈品的奢华的商业中心，而历史街区改造中，保持文化和居民层次的多样性是至关重要的。诚然由于强大的商业资本的介入，不可能完全达到这种效果，但是在规划设计中，尤其在一大会址周围，再多挖掘并

图 6-19　一大会址周围建筑的功能分布

图 6-20　新天地的环境整治规划

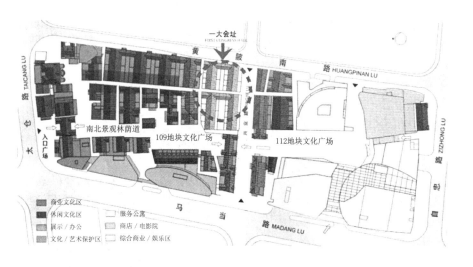

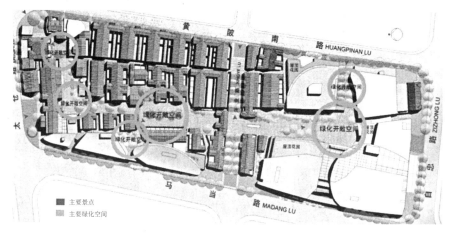

图 6-21 上海传统的
里弄生活（图片来源:
www.fyysy.com/show）

图 6-22 一大会址周
围的环境整治

图 6-23 新天地由平
民生活的象征转变为
一个奢华的商业中心

保留一些真实的过去，以便和改造以后的加以区别；在被改变的里弄肌理中，把过去的痕迹再多留一些下来，并有效地组织到外部空间的设计中去的可能性还是存在的（图6-21～图6-23）。

由此对比在德国，由卡塞尔大学Jurgen von Reub教授主持的The Lower New Town住宅区的规划设计中，图6-24中的第一张图是1943年以前原有场地的肌理，地面的构筑物在第二次世界大战时几乎完全被炸光了；后来这一地段被一条宽阔的Leipziger大街分隔为两部分，西边的一部分变为一个巨大的、荒芜的停车场；Jurgen von Reub教授的事务所花了近十年的时间来进行新的规划，并不断地补充完善它。在规划中反复比对研究原有的肌理，并努力寻找传统的氛围，采取的方式不是靠简单地仿建或是符号再现，而是通过以下手段：

（1）恢复场地原有的空间尺度、传统街区的密度，主要依靠研究建筑的高度、密度与围合的空间，再与原来的资料进行比对；

（2）加强被Leipziger大街分隔东西两部分的联系；

（3）建立建筑与水亲密的关系；

（4）单体建筑的设计由不同设计师进行，体现场地多样性的建筑特征；

（5）在功能分区上体现原有的功能结构，比如说为了显示原有步行区，新规划把这部分区域设计为自动放弃使用汽车的住区；

（6）在外部空间的规划上，努力使原有室外空间在新的规划中能够被识别出来。新的交通系统特别注意了新与旧的区别，把原有的老街用黑线划分出来，并以不同材料表现。居住区外部一座已被炸毁的桥梁，也随着桥边一座历史建筑遗迹的再利用而被恢复起来，提醒人们这里曾有的从传统→破坏→重生的历史发展过程。

图6-24分析了这样的演变过程，The Lower New Town住宅区是属于卡塞尔下城区的边缘地带，也就是贫民区，政府重视程度不大，资金注入也不多，同样是由开发商来开发的。而且已被炸毁，早已没有什么法律约束，可是设计师还是主动地、细致地一点一滴去挖掘历史的点点滴滴。正是由于欧洲大批这样的设计师的努力，欧洲虽在第二次世界大战中遭受了极大的破坏，却还保持了迷人的城市面貌。同样在我国，有着五千年悠久的文明，虽然屡遭破坏，尤其是20世纪80年代以来的建设性破坏，但是在城市的广大一般地区，还是有大量的历史信息和痕迹可以被保留、挖掘和再利用，在这一点上，没有法律来约束，全靠广大设计人

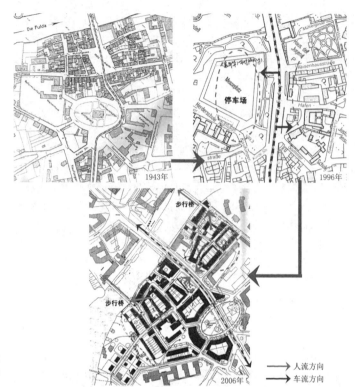

图 6-24 德国卡塞尔 The Lower New Town 住宅区规划的历史沿革

人流方向
车流方向

（a）原有的老街用黑线划分出来，并以不同材料表现　（b）传统空间尺度和建筑多样性的恢复

图 6-25 The Lower New Town 住宅区对传统痕迹的挖掘

（c）自动放弃使用汽车的住区　（d）由于地下可能有古城遗址，电缆都走明线

(a) 建筑遗产被用作步行桥的入口　　　　(b) 步行桥加强两岸人的交流

图 6-26 The Lower
New Town 住宅区入口
步行桥

员的意识和自觉性（图6-25、图6-26）。

这也正是写作这篇论文的最主要的目的和动力来源，同时也是作为对自身意识提高和知识提高的一种途径。

奇怪的是有责任心的设计师好像不到中国来做设计，外国建筑师做设计，首先要研究城市的肌理，把要设计的新建筑放进去，看看是否能和图底关系融合。可现在，外国建筑师来中国做设计，有谁去研究城市的图底关系？更有个别国外建筑师来北京做设计，动辄就是"四合院"，不管多"巨"的大家伙都敢说蕴含北京四合院的神韵。在发达国家，许多很小的、功能很一般的建筑都能让你体味出比较深远的意味，可是外国建筑师在中国做的建筑却鲜见这一点。

6.4.5　小结

尽管我们的城市面貌遭受到了极大的破坏，但是在我们的设计过程中，还是有很多的历史痕迹可以去保护和挖掘的。所以说保护工作方法不是主要问题，更为重要的是观念问题，只要每个设计师都有这样的意识，那么可以做的工作还有很多很多，关键还是我们的观念还没有到位，所以工作才做不下去，保护工作是永远不会晚的。

第 7 章

我国建筑遗产环境设计中
存在问题的分析研究

从第6章的问题探讨中，我们大致把问题简化归类为三种，即最高等级和层次的世界遗产、国家级文保单位及风景区；中间层次的省、市、县、区级的文物保护单位或风景区；普通的散布于城镇中的建筑遗产。作者在这里还想再强调，建筑遗产本身并无好坏、贵贱之分，之所以按上述方法分类，无非是按照国家保护重视程度，财力、人力投入状况，客观地区分开目标物。作者在这篇论文里，还是倾向于将研究重点置于普通的建筑遗产及环境上来，因之更能反映一个国家和城镇的历史、文化面貌，同时，设计师也更容易接触，甚至已经接触到。加之国家和舆论对前两者虽重视程度不同，但都有所倾斜，前文也说到，多少还有些学者或记者会"关照"它们一下。普通建筑遗产，尤其是它们的环境更与人息息相关，更能体现和反映国家和地区的文化气息和历史信息。从目前情况看，存在的问题也最多。尤为可惜的是，一些到了设计师"手上"的项目，也被各种因素带上了歧路。因此在本章中，作者将把研究和分析的重点放在普通建筑遗产的环境中，并将更多的精力用在更具体的一般方法上去。在分析、讨论的过程中，也引用了国外一些可比的实例，并对这些实例也做了一些分析、比较，以达到"他山之玉，攻我玉石"的目的，分析和讨论的范围显然是不全面的，仅仅只是一个开始。同时，作者也认识到，世界遗产和各级文保单位、风景区的环境问题也很严重，其中不乏设计的问题，但是更多的是商业上的、经济上的，甚至是政治上的问题。作为设计师和设计师群，应该保持意识上和专业上的前瞻性，尽可能地做宣传、呼吁和解说的工作，同时立足眼前，将设计师自己可能犯的毛病，尽可能地研究透彻，并改正过来，这基本也是写作本论文的主要目的。

7.1 大拆大建问题及其研究

经过了20世纪80年代以来的大拆大建阶段和在所谓"恢复古都风貌"的过程中，真正的建筑遗产屈从于经济利益被拆毁，却建起了一批"假古董"。例如北京琉璃厂街的"保护"与整治，原先的琉璃厂作为民间商业街，琉璃厂上的商铺原本都是老百姓自己建的，有独特的历史风貌。整修时拆去原有的老建筑，参照琉璃厂街市极盛时期清代乾嘉年间北方店堂和民居的建筑艺术风格，选用北方几种典型的店铺形式来进行设计、重新建造。这种所谓的保护法甚至引发了全国各地"仿古一条街"的热潮。现在在很多专家眼中，北京琉璃厂已经成为国内公认的"反面教材"，在这里就不作为分析的重点，仅阐述其造成的后果。

7.1.1　破坏了遗产保护应该遵循的原则

在国际遗产保护领域，真实性原则、完整性原则、可读性原则、可持续性原则是定义、评估和监控文化遗产的基本原则，这种简单粗暴的做法无疑违反了这些原则，破坏了建筑遗产及其环境在原有城市空间中值得留传的城市要素，使得建筑遗产失去了价值。

7.1.2　破坏了多样性城市空间带来的活力

大拆大建都是为了某种经济利益的追求，但是没有考虑到城市中任何留传下来的、有特色的空间，都是一个复杂的、多功能的场所，而"××一条街"的修建，是将一个多样性的空间变为单一内容的空间，将城市发展从为了满足社会广泛的需要，转移到满足个体有限的需求上来，这一狭隘的目标损害了城市生活的活力。正如美国女作家简·雅各布斯所说，无论从经济角度，还是从社会角度，城市都需要尽可能错综复杂并且相互支持功用的多样性，来满足人们的生活需求，因此，"多样性是城市的天性"。正因为如此，从1985~1999年全国一共建了1000余个人工景点和假古董的"××一条街"，95%失败，没有效益。

琉璃厂的败笔最有说服力的莫过于它的没落。即便是在周六，走在琉璃厂仿古的街上，寥寥寂寂。这里的保安告诉我们，一直都是这样。而此刻，在城市东边的潘家园古玩市场，正是摩肩接踵、川流不息的时候——而从历史文化的厚重程度，潘家园和琉璃厂是绝不可相比拟的（图7-1）。

这么多年来，我们的确比以往更加重视保护文物，但是却忽视了善待文化传承所需要的环境，我们怎能还不明白，大拆大建所面临的不是简单的文物保护和城市现代化之间的老矛盾，而是

图 7-1 整治以后的琉璃厂（图片来源：http://www.liliaoqi.com/beijing）

在现代化过程中，如何尊重文化的繁衍——而不仅仅是利用文化的符号，在迅猛的现代化的进程中，不能以牺牲历史文化遗产为代价。

7.2 将建筑遗产周围用绿地或农田等简单地隔离起来

对于我国城市中各层次珍贵的建筑遗产，不仅要杜绝大拆大建带来的巨大破坏，那些没有被毁坏的建筑遗产，我们要不遗余力地保留下来。那么它在新的城市形态中以什么样的形态去保留呢？

很多建筑遗产在人们眼里看来留下来就不错了，能以绿化环绕就是建筑遗产环境改造中的极品了。这样适当的绿化隔离区域，可以使建筑遗产和环境成为一个整体，创造良好的观景、驻足点，形成良好的视线、序列、气氛和整体格局。但是仅仅这样做还是不够的，这种简单处理手法所造成的损失可以从以下三个方面来分析。

7.2.1 建筑遗产环境中所携带大量历史信息的丢失

据报道，在某些拆迁的过程中，确实发现一些深藏在民居中间的标有"文物保护单位"的建筑没有遭到拆迁，一位居住在这里的大妈这样说道："这个不会拆的，文物怎么能拆？就是为了留下它，我们才必须要搬走的。"这句话听上去有些令人费解，大妈说："以后这里是绿地广场、观光旅游的地方，这些文物都是给老外们看的，就是没有我们这些会站着眨眼的家伙了。"这实际上反映了在城市的发展过程中，建筑遗产相当无奈的生存方式，也是很多人普遍认为的保护建筑遗产的方法。但是建筑遗产不是绿地中的盆景，建筑遗产的环境也绝不是仅仅为了有一个绿色的衬底，获得良好的驻足点和观赏点。建筑遗产环境的目的和作用是对遗产本体的阐释和说明，是体现其真实性的一部分。每一个建筑遗产都不是孤立的，它的周围环境中同样存在着大量的历史信息，这些信息不是建筑垃圾，它们应该被保留、提炼、重组到新的环境中去，不应当被一片绿色所淹没掉。

在上海的城市绿地系统建设中，为了改善城市生态环境，上海市在"九五"末期，提出在城市的中心、副中心区域要求每一区建设一块4hm²以上的中心绿地（图7-2）。但由于历史的原因，在建设的时候需要动迁大量的建筑，其中不乏优秀的历史建筑。这些建筑都被保留在城市的绿地建设中，例如延中绿地、太平桥绿地、四川北路绿地、徐家汇公园中都有被保留的建筑（图7-2～图7-4）。

我们可以看到，作为我国经济发达地区代表的上海，已经开始注意在城市建设中保留非文物建筑，这是一个不小的进步，但是这种保护的方法还基本都是简单的绿化围绕式，它们孤独地伫立在绿地的边缘，似乎和这些在形式、材料上都求新、求奇的现代园林没有什么关系，完全是可有可无的配角。但是这些所谓新奇独特的园林是没有强烈的场所性的，而被设计师忽略的"老房子"及其周围环境的性格和特征却是独特的，在赋予绿地各具特色的历史文化内涵的挖掘上是远远不够的。

为此再进一步以上海浦东金茂大厦对面的陆家嘴中央绿地内保留的陆家嘴地区唯一的一座老房子陈桂春住宅为例，这是在一批建筑界有识之士的大力支持下，在推土机下保留下来的。现在

图 7-2 上海城中心绿地系统建设中的"掏空"（图片来源：图7-2、图7-4均引自 www.sh.xin-huanet.com）

保留建筑

图 7-3 四川北路绿地、徐家汇绿地设计中的保留建筑

（a）四川北路绿地内保留建筑

（b）徐家汇绿地内保留建筑

图 7-4 上海市中心绿地建设中的保留建筑

（c）太平桥绿地内保留建筑

（d）延中绿地内保留建筑

图 7-5 陆家嘴中心绿地内保留建筑

它孤零零地站在绿地中央，好像从中心绿地中强挖了一块，与周围的设计那么格格不入（图7-5）。仅仅以公园设计的观点来看，在8.9hm²的绿地中，陈桂春住宅周围就显得很空（图7-6）。作为一个有近百年历史的老房了，在它的周围应该肯定可以找到值得保留的真实遗存，它周围的道路、空间形态等等都可以通过适当的形式，重新组合到公园中去，甚至成为公园设计风格的主体。那种展现"现代"在建筑中就是钢混高楼，在园林中就是大草坪、大喷泉、膜结构的观点早就过时了。设计中越来越讲求联系（connect），现在这片绿地中有这样一个现成的载体，却没有好好地利用。

对比德国设计师在炸光了的地方还要竭力寻找，我们的工作确实太粗了，这并不需要花多少金钱，只要设计师有这个意识，是可以很容易地做到的，还可以做得很巧妙。例如原先在深圳的

图 7-6　陈桂春住宅环境的前后对比（图片来源：伍江，《"立新"不必"破旧"——浦东一座老房子的保存》，第 36 页）

图 7-7　纪念墙上镶嵌的动迁户门牌（图片来源：胡玎、王越，《保育城市公园绿地中的历史文化实物》，第 38 页）

生态广场、上海的凯桥绿地等绿地中，都有将动迁的门牌镶嵌于纪念墙上的做法，这种做法虽然有一定的纪念意义，但毕竟过于抽象和形式主义，对后人的提示作用不够直接（图7-7）。现在上海古城公园中，就保留了部分的民居，并把它们组织到各层次的游览路线中，使这种文化的传承作用在游览中通过人与人的交流得以传递，不失为一种好的做法（图7-8）。

图 7-8　古城公园中将保留民居的片断组织到游览路线中（图片来源：胡玎、王越，《保育城市公园绿地中的历史文化实物》，第 37 页）

7.2.2 外部空间尺度感的丢失

仅仅留下建筑遗产环境中所残留的历史信息就够了吗？国外对于建筑遗产及其环境的保护主要是依靠对建筑遗产周围空间尺度的恢复来实现的。

以德国的柏林为例，这是一个被战争严重摧毁的城市。20世纪80年代柏林为了庆祝建城750周年，举办了著名的"国际建筑展览会（IBA）"，这次建筑展不仅是对住宅建筑设计上的一次探索和展示，更重要的是对老城城市空间的改造与重塑做出了很大的贡献（图7-9）。建筑展的总体规划框架是由多特蒙德大学教授克莱胡斯（Josef Paul Kleinhues）制定的，规定城内的新建项目必须对老城区的街道、街区空间、建筑边界、建筑高度和体量等结构元素加以遵循，而单体建筑则形式纷呈。来自世界各地的建筑大师以各自不同的语言对城市各个角落被战争损坏的城市空间进行了修补，为城市传统空间的改造与重塑交出了满意的答卷。图7-10所示就是这一修补过程的示意，通过这个过程回归传统空间的尺度，所以尽管德国的大城市在战争中都遭到了重创，当我们

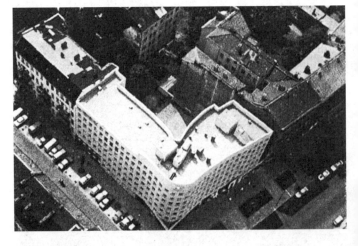

图7-9 IBA 上西扎改造的建筑（图片来源：李振宇，刘智伟. IBA 新建内城住宅的设计启示——1984-1987年柏林国际建筑展回顾）

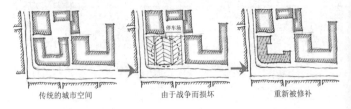

图7-10 IBA 对被战争破坏的传统空间的修补示意

传统的城市空间   由于战争而损坏   重新被修补

今天漫步在旧城区的主要街道上，还可以感受到浓浓的历史气息。

　　法国的布雷斯特也是第二次世界大战时遭重创的城市，它的城市主要广场——解放广场位于城市南北和东西两条轴线的交汇处，南面曾是最繁华的、传统建筑最集中的区域。20世纪60年代恢复重建时也曾是个大而无当的广场，以后人们不断对它进行着修补，试图重新找回欧洲传统广场空间的尺度（图7-11）。主要通过抬高广场的两侧，并在上端重新设计一组界定的建筑，新建筑在高度和形式上十分注重与后面建筑的呼应，好像将后面的建筑推到了广场四周，使人们在广场上重新获得围合感，以此来恢复传统的尺度感，通过图7-12的剖面分析，可以看出这一尺度回归的过程。

　　同样，中国现在大规模的建设活动对城市建筑遗产的损害不亚于战后的重创，那么在这个过程中残存下来的建筑遗产也不应该孤零零地立在绿地的边缘，我们是不是也可以通过适当地修补，作为设计师在自己能够控制的范围内更加合理地布局，或多或少地恢复它传统的空间特色呢？我还想以陆家嘴中央绿地内保留的老房子陈桂春住宅为例，但由于基础资料的限制，只能表达

图 7-11　布雷斯特解放广场整治前后对比（图片来源：Brest Alias Stest, 1992）

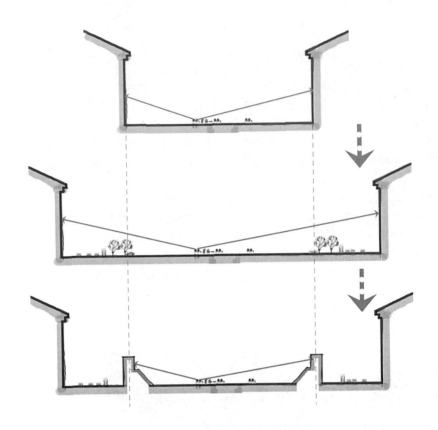

图7-12 布雷斯特解放广场空间尺度回归过程

一种抽象概念上的可能性：陈桂春住宅附近的旧有肌理，在新的城市建设中消失了，它作为双重意义上的"博物馆"，孤零零地站在中心绿地的一隅。而作为新区中大型的公共绿地，在它里面肯定会需要一些功能性的和造景需要的构筑物，能不能多保留一些陈桂春住宅附近的原有肌理和建筑，通过老房子的改建、再利用和适当的加建，将这些中心绿地必需的内容结合在这一建筑遗产的周围，这样即便还是原来的这些设计内容，这座建筑遗产的价值也会由于空间尺度的回归而得到加强（图7-13）。

也许这种可能性不够成熟，但至少表明了一种思考，借用克莱胡斯（Josef Paul Kleinhues）教授制定的旧城区"批判性重构"的指导原则来作为这种可能性的依据："重构的思想不是表面化的怀旧，为了一种新的、扩展了的重构关系而奋斗是非常必要的。这种可能性是可以针对城市结构元素的理智的相互关系而成功的。"并以此抛砖引玉，寻求更广泛的研究与探索。

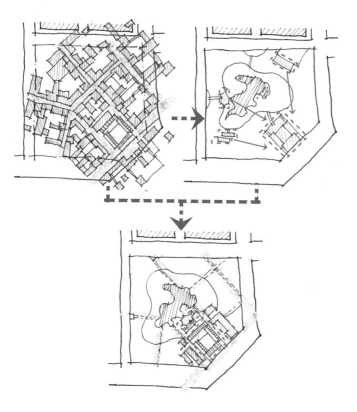

图 7-13 陈桂春住宅
周围空间尺度回归的
设想

7.2.3 外部空间活力的丢失

　　建筑遗产不仅仅是单纯的历史参照物，是一种以自我为中心的客体，它必须被注入新的价值。而简单的绿化围绕，不合理的结构布局，会使建筑遗产"博物馆化"，丧失活泼的生命力，从长远来讲，建筑遗产会随着周围环境的衰落而最终被人们淡忘。再加上有些设计师在设计时，没有将人们的停留休憩作为一项重要内容，使得环境缺乏参与性，降低了外部空间的活力（图7-14）。

　　国外建筑遗产的保护也常常靠恢复其外部空间的活力来实现，通过人们的使用、人与人之间的交流，场地中蕴含的历史信息被重新发现和认识，并得以传播，建筑遗产也随之恢复了活力。现在我国的建筑遗产保护的形势仍然相当严峻，很多事情我们也只有扼腕叹息，作为园林设计师，在涉及建筑遗产的环境设计时，留给我们的也许只是一个相当尴尬的场地。但既然这种破

图7-14 环境设计中
缺乏人文关怀（图片
来源：北京城市规划
学会主编，《长安街
过去·现在·未来》）

坏已无可挽回，我们能不能结合残存下来的建筑遗产，通过更加
合理的规划，提高建筑遗产外部空间的使用效率，使建筑遗产能
以更健康的方式生存下去。

　　我想先以故乡常州旧宅周围的环境改造为例，探索一种增强
建筑遗产周围活力的可能性，但这种可能性绝不是简单地通过
做广场实现的，因为与国外传统上将广场作为主要的交流空间不
同，中国封建时代城市空间体系主体元素多为大大小小的、封闭
的、内向型院落，城市生活受到封建统治和城市格局的限制，人
们主要的信息、主要的交流地是街巷、通道、市场、茶馆等。由
于基础资料的限制，只能属于一种抽象概念上的表达：故乡旧宅
周围的布局是典型的江南民居的布局方式，是一个自然生成的、
功能混合的、充满生机的地方，人们主要的公共活动空间是保留
下来的茶馆和运河的两岸；现在所有的一切变成了单一功能的沿
河带状绿地，绿地内保留的建筑、新增的功能空间散布在绿地中；
能不能将这些分散的功能结合在保留的茶馆周围，形成一个大
的、综合性的功能区，使公众的聚集地重新回到茶馆和运河的两
岸，这样建筑遗产文化价值会随着环境使用率的提高，人们的频
繁穿行得到更好的体现，所蕴含的文化内涵也会随着人与人之间
的交流而得以流传下去（图7-15）。

　　进一步我还想再次联想到陆家嘴中央绿地内的陈桂春住宅周
围的环境，是否也可以通过将分散绿地的各项功能，相对集中于
建筑遗产的周围，将分散的人流集中起来，通过人们的使用、人
们的穿行，提高建筑遗产外部空间利用率，从而使场地中蕴含的
历史信息被重新发现和认识，并得以传承（图7-16）。

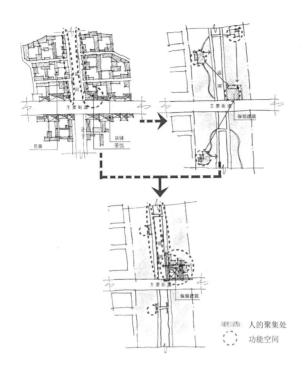

人的聚集处
功能空间

图 7-15　故乡旧宅周围改造后的环境活力恢复设想

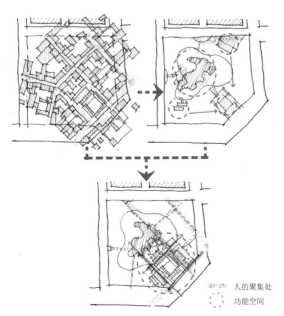

人的聚集处
功能空间

图 7-16　陈桂春住宅周围环境活力恢复的设想

7.3   将建筑遗产环境设计等同于一般的公园设计

随着经济的发展，城市的绿地系统也在日益完善。同样在北京市确定的城市绿化建设目标中，明确了塑造世界著名古都与现代化国际都市相统一的城市风貌特色的规划指导思想，并且考虑到绿地系统的布局应与文物及古树名木的保护有一定的结合，将部分文物保护单位的建设控制地带规划为以文物古迹为主的园林绿地。在这种趋势下，皇城根遗址公园、明城墙遗址公园、元大都遗址公园等工程相继应运而生，抛开这类公园设计手法的正确与否，至少说明随着经济的发展、社会的进步，建筑遗产的环境设计这一问题正逐步走进人们的视野，并成为人们关注的焦点，甚至是政府部门展现政绩的亮点，各级政府也愿意出资，恢复建筑遗产周边的环境，这给了设计工作者以广阔的空间。尤其是皇城根遗址公园、元大都遗址公园等的亮丽登场，都被说成是保护历史文物、恢复古都风貌的点睛之笔。虽然单从园林设计的设计手法上来看可以说是非常娴熟，而且确实为周围居民提供了一个好去处，但是建筑遗产的环境是对每一个遗产独特的阐释，它绝不是一般的公园设计，如图7-17所示，你能看出来这个元朝旧城墙的遗址环境和普通公园有什么不同吗？

再从细节上分析，由于没有综合分析，急于找到答案，造成只有从符号上寻找历史的痕迹，其结果只能是将历史文化直白地表达在各类雕塑上，道路铺装、小品的细节上，不可避免地造成了表达手法单一，各种设计元素的堆砌。在笔者参与调查北京市中心区文物保护单位外部环境的过程中，发现在近几年涌现出来的一些园林绿地与文物保护相结合的工程中，不管保护的主题是多么千差万别，环境的设计内容总有似曾相识的感觉，总结起来不外乎以下几类：

图7-17 元大都遗址公园照片

（1）各类雕塑（图7-18）。

图 7-18　建筑遗产环境设计中的"雕塑"

（2）座椅、挡墙（图7-19）。

图 7-19　建筑遗产环境设计中的座椅

（3）道路铺装（图7-20）。

元大都遗址公园　　　　　　　　皇城根遗址公园

图7-20 建筑遗产环境设计中的道路铺装

皇城根遗址公园　　　　　　　　兽角河公园

（4）小品、灯具、标识（图7-21）。

山石

水篦子

图7-21 建筑遗产环境设计中的小品

园桥

这些从整体到细部完全公园化的设计，又在设计人员的相互交流中或多或少地出现在全国各地被要求体现历史文化的场所中，如果说绿地环绕的做法不对的话，那么把遗产周围做成"精品园林"的做法就更不对，原因可从以下三方面阐述。

7.3.1 从图底关系分析上来看

建筑遗产周围环境设立的意义，就是为了更加突出其主体地位，使其历史功能、地位及作用更好地展示于人，使得建筑遗产有一个能够突出其特点的背景，获得良好的图底关系。

图底关系是格式塔心理学中的一个术语，即在一定的场地内，人们对图形与背景关系的认知，并不是对其中的所有对象都有明显的感觉，而总是有选择地感知一定的对象——有些突显成为图形，而有些退居衬托地位的则成为背景。把"图形——背景"的组织规律用于城市景观与空间形态的分析，也不难理解，任何一个有组织的城市空间都必须保持良好的"图形——背景"结构，如果构成一个空间整体环境的各个部分都是"图形"或力争取得"图形"的地位，那么将是一个只有图形、没有背景的杂乱无章、支离破碎的空间与实体的堆积（图7-22）。

同样，在处理建筑遗产与其环境的关系时也要通过一定的设计方法，使历史建筑与周边环境形成一种图底关系，以建筑遗产为图，周边环境为底，从而可对历史建筑的历史气氛起到一种彰显作用。这种彰显作用使建筑遗产的地位更加突出，可以强化对建筑遗产保护的效果。那么如果分析皇城根遗址公园、菖蒲河公园、元大都遗址公园的图底关系的话，很容易地发现建筑遗产变成了底，"精品园林"变成了图，遗产成为环境的点缀。在这一点上，明城墙遗址公园就处理得比较出色，城墙遗址、古树始终是场地中的主角，一进入公园就可以感受到这其中流露出的岁月沧桑感（图7-23）。菖蒲河公园的设计者也是宣称为保护古树而大声疾呼，甚至为此而改变了河道，但是在这样一片豪华堆砌而成的环

图 7-22 格式塔心理学中的图底关系

图 7-23 明城墙遗址公园中的主角——残墙、古树

图 7-24 菖蒲河公园中的图底关系辨析（图片来源：《北京园林》,2005年,1卷,第27页）

境中，它们能一下映入眼帘吗（图7-24）？同样都是经历了沧海桑田，其中的优劣不言自明。

7.3.2 从建筑的"可命名性"与"不可命名性"的概念引申意义上来看

卢森堡建筑师L. 克里尔毕生致力于城市空间结构的研究和历史文化的保护，他对于现代建筑千篇一律的现象十分不满，他把形式雷同与模糊不清的弊病称为"不可命名性"（nicknames）。在他看来，古典建筑在形式上同它的目的必然有某种默契，也即指教堂看上去像教堂，剧院看上去像剧院，这种规律性就叫"可命名性"（names）（图7-25）。这种"可命名性"指人类通过劳动和智慧在历史中逐步获得的，它有着持久的影响力，与之相反，现代建筑往往将建筑按随意的方式（the random form）建造，形成了建筑的"不可命名性"（图7-26）。其结果就是，第二次世界大战后现代建筑在社会环境和物质环境对欧洲城市的破坏胜过历史上任何一个时代，甚至两次世界大战在内。

这种概念引申到园林设计中来也是如此，古典园林有着明显的地域特色，但是在现代园林中，这种区别明显较少了，更重要

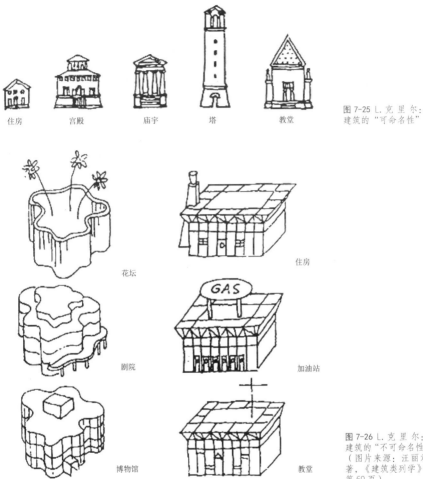

图 7-25 L.克里尔:
建筑的"可命名性"

图 7-26 L.克 里 尔:
建筑的"不可命名性"
(图片来源: 汪丽君
著,《建筑类列学》,
第 60 页)

的是,在不同类型的园林中,这种区别也都消失了。尤其在建筑
遗产的环境设计中,应该有更多客观的分析和设计的方法,这种
"不可命名性"的设计就更不足取,因为每一个建筑遗产都是独特
的,它的外部空间都有其独特的个性,它留给后人的思绪也是不
同的,图7-27、图7-28分析了园林设计中这种"不可命名性"所
带来的环境性格的丢失。

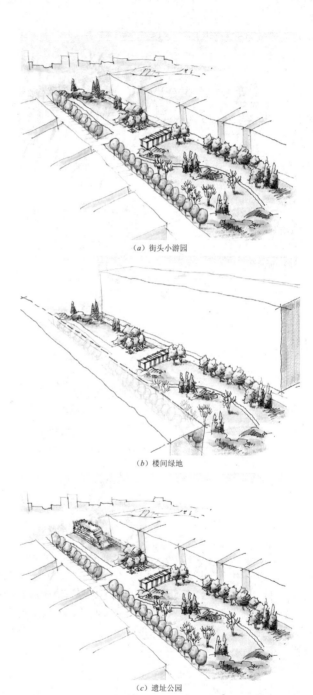

（a）街头小游园

（b）楼间绿地

图 7-27 园 林 设 计 中
的"不可命名性"

（c）遗址公园

(a) 皇城根遗址公园中的小品　　　　　　　　(b) 德国慕尼黑园林展上的小品

7.3.3　从科学发展观的角度上来看

图 7-28　小品设计中的"不可命名性"

　　整体的保护和展示建筑遗产及其环境不是说要把它恢复成"理想的"样子，陈志华先生在谈到文物建筑保护时，曾经提醒建筑师出身的文物建筑保护师，千万不要"仅仅从建筑风格的统一、布局的合理、形式的完美和环境的景观等自己习惯的角度，去评价文物价值并采取相应的措施"。并指出："从19世纪中叶到第二次世界大战前夕，欧洲文物建筑的重要破坏者之一就是这样的建筑师，他们往往热衷于在修缮文物时'做设计'，把它恢复成'理想'样子。"英国的文艺和建筑理论家拉斯金愤怒地谴责说："翻新是最野蛮、最彻底地破坏。"在做建筑遗产外围环境时，这一点是同样值得引以为戒的，单从园林设计的角度来讲，皇城根遗址公园、菖蒲河公园等"精品园林"有着娴熟的设计手法、良好的施工质量，确实堪称"精品"，但是正是由于这样人们才更不会去注意它在作为建筑遗产的环境时，这样的设计手法是否正确，尤其对于决策者来讲，效果好，老百姓喜欢就行了。

　　同样在另一个方面，建筑遗产的环境设计也不是说什么也不可以动，不可以拆。我们保护建筑遗产及其环境，是为了展示它在历史长河中发展变化的过程，它的历史变迁，也许有些东西我们无法再留下来了，但这种演变的痕迹应当被保留下来，并合理组织在周围环境中以供后人去了解和缅怀，并且承担遗产所应该承担的教育作用。这方面的例子我在第4章已经做了一些介绍，这里再引用德国国会大厦改建的例子，新修建的穹顶除了在高科技的应用上受到世人瞩目外，它形式的来源难道不是它在第二次世界大战被炸毁时形象的一种轮回显现吗？难道不是对这一段历史的追忆和反思吗？在它的室内，许多苏联士兵的铭刻、涂抹也被仔细地保留下来，以警示该建筑不光彩的纳粹统治角色及苏联对其占领的史实（图7-29）。

图 7-29 德国国会大厦改建中对历史发展痕迹的保留和追寻（图片来源：陆地著，《建筑的生与死——历史性建筑再利用研究》，第 23 页）

图 7-30 皇城根遗址公园中的城墙遗址的阐释

我们试分析皇城根遗址公园的主角皇城城墙，它的沧桑巨变，它在历史上的痕迹后人又何从去追寻呢？而作为遗址唯一展示的残墙，它是在原城墙的哪个部位？为什么和我们理解的城墙走向不一样？这些重要的主题都没有得到充分诠释（图7-30）。

把建筑遗产的保护和城市绿地系统的完善结合起来确实是一个双赢的道路，设立遗址公园同建造博物馆、纪念馆一样，都是保护文物、保护环境、教育群众的好方式，是全世界的潮流。但如何恰如其分地设计是相当值得关注的，于是有的专家甚至提出避免"公园"这一提法，就是为了避免公园提法的误导，造成浪费和歪曲。对此王景慧先生也指出："保护历史环境切忌单纯美化环境，有不少地方好心好意地美化了环境却丢掉了历史，这是应该引以为戒的。"❶

❶ 引自：王景慧，城市历史文化遗产保护的政策与规划。

7.4 对于外部环境中的历史信息人为地分为优劣好坏，随意删改，造成大量历史信息的丢失

7.4.1 造假、历史信息的肆意篡改

环境是对遗产本身最好的衬托和说明，它们就像时代的一面镜子，可以向后代的人们形象地、实在地叙说在它们的生活环境中的全部历史，因此无疑成为历史最重要的见证物。有些地方就完全不顾历史氛围，主观把建筑遗产作为保护的主体，把遗产以外的一般建筑当作有碍观瞻的建筑垃圾，认为让环境美化了，就是保护了，人为地抹去了场地中历史的痕迹。这样的例子数不胜数，例如遵义会议会址本不应该是单一的个体，应该同周围环境一起构成完整的古城历史景象，但是当地政府为了"保护"这栋建筑，拆光了遵义会议会址周围1.5km²内的近4万m²民居，用于计划修建城市标志性休闲广场，使缺乏历史建筑载体的会址已成"孤岛"一座。难以想象党的领导人在革命生死存亡的关头，坐在这样的大花园里开会（图7-31）的场景。

长沙清水塘毛泽东和杨开慧的旧居位于长沙郊外，和周围农舍一样朴素宜人，不引人注目。当地政府为了保护这一历史建筑，不仅维修好了建筑，还在周围精心建造了花团锦簇的公园，还有如镜的水面。环境被美化了，毛主席当年搞秘密活动艰苦危险的历史气氛却没有了。

都江堰纪念李冰父子的二王庙，庙前有条松茂古道，路旁有鳞次栉比的民居店铺，尽管这些建筑不一定很古老，但它们是这一历史环境的重要组成部分，体现了古代寺庙的传统空间结构特点。但是为了申报世界文化遗产，当地政府完全不顾这一空间特点，人为地认为一般建筑可以拆，文物建筑要突出，就将这些房屋全部拆光，改建成现代的园林草坪，环境的美化造成的却是历史感觉的全部丢失。

图7-31 遵义会议会址的环境改造（图片来源：www.he.xin-huanet.com）

　　同样，随着现代城市绿地系统的不断完善，绿化用地早已从旧时相地而来的"风水宝地"转变为要对城市纹理产生的断裂进行修补的地区。同时世界上对于工业遗迹的再利用热潮也影响到了中国，利用场地中的遗存来表现主题，也成为园林发展中的一个新方向，这里就单说说"铁轨"问题。也许很多设计师认为"铁轨"就是工业的象征，拿岐江公园来说，图7-32是原来的现状鸟瞰，图7-33 是设计平面和建成后鸟瞰，设计师在场所中加入了"铁轨"，并在两旁种植了野草，来表现"工业的美，野草的美"（图7-34）。

　　同样是"铁轨"问题，可昆明市规划设计院在做昆明废弃米轨改造规划时，却用了另一种方法。米轨滇越铁路于1909年修通，使昆明成为较早拥有铁路的城市，全长4.1km，至今已有90多年的历史，曾是云南交通史上光辉的一页。随着城市的发展，市区内

图 7-32 岐江公园原状图（图片来源：图7-32～图7-34 均引自www.turenscape.com）

图 7-33 岐江公园设计平面和建成后鸟瞰

的部分米轨铁路逐渐被废弃了，并且成为城市中的卫生死角。为迎接1999年的世博会，省政府和市政府决定将其改造成为一个城市的绿色走廊，图7-35为废弃米轨改造的规划图。然而这个宏伟计划中的一个重要的、现成的历史载体——米轨，只要稍加利用就可以很好地组织到绿色走廊中去，既美化了环境，又保留了历史。可是它同周围垃圾、违章房屋一起被当作垃圾拆掉了，一个承载了一段历史的地段蜕变成了一个普通的街头小游园。图7-36

图 7-34 歧江公园中工业文明的象征——铁轨

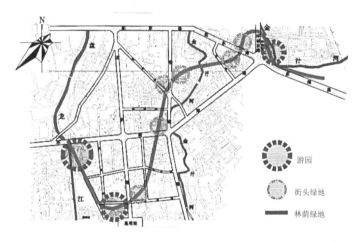

游园

街头绿地

林荫绿地

图 7-35 昆明市废弃米轨改造的规划图(图片来源：中国城市规划委员会主编，《名城保护与城市更新》，第61页)

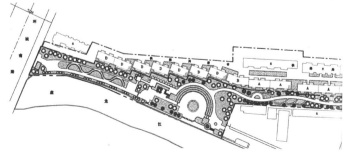

图 7-36 昆明市废弃米轨改造节点图（图片来源：中国城市规划委员会主编，《名城保护与城市更新》，第62页)

图7-37 昆明市废弃
米轨改造前后对比(图
片来源：中国城市规
划委员会主编，《名
城保护与城市更新》，
第63页)

昆明米轨环境改造前　　　　　　　　　　昆明米轨环境改造后

为这项工程其中一个节点的具体设计图，图7-37为这段米轨周围
环境改造前后效果的对比，从中不由得让人思索这样的问题：有
真的"铁轨"的被拆掉了，没有的却加上了，这就说明在涉及我
国建筑遗产环境设计的认识的时候，如何采取正确的方法，确实
相当值得全社会的关注。

7.4.2　主观想象臆造

以上出现的这些问题大都是在北京、上海等这样城市的甲级
设计院，更不用再说地方上的设计单位和众多个人的作品，不分
析场地和历史沿革，更不要说建筑遗产的外部空间特征，全凭主
观的想象臆造。这里就举两个网上下载的设计实例（图7-38），先
不提对建筑遗产环境设计的正确认识，基本功好的，构图、表现
还看得过去，基本功不好的就可以说是不堪入目了。

宁波—古城内的"孔庙广场"设计　　　　　古城楼的环境设计

图 7-38　两则网上下载的设计实例（图片来源：http://www.abbs.com.cn）

7.5　小结

通过对建筑遗产环境设计中存在问题的综合分析，我们可以看到形势是相当严峻的，过去设计师没有机会和条件对建筑的外部环境进行参与和干预，现在参与的机会有了，却又和拾拾历史和文化的机会失之交臂。像许多国家一样，我们国家的建筑遗产保护也经过了由点到面的过程，在这一过程中对保护和利用的正确认识也是要逐步提高的。现在对文物建筑的保护，已经在社会上取得了一定的共识，相信随着社会的发展和国际信息的进一步交流，在建筑遗产的环境设计方面也会有更多优秀的作品涌现。所以现在，就要正视这一领域中存在的问题，只有认识到问题，才会去寻找更合理的方法，国外从20世纪60年代起就在相关领域做了很多有益的尝试，相信会对我们有很多有益的借鉴作用。而提高认识这里面不仅仅只包括设计人员的，还要通过全社会共同的努力，才可能真正把保护工作做好。

第8章

我国建筑遗产环境设计问题的对策和方法研究

8.1   我国在建筑遗产环境理论研究上的现状

8.1.1   建筑遗产环境在规划控制手段上的研究现状及分析

在本书写作查阅资料时，总体感觉我国现阶段针对建筑遗产外部空间保护的理论研究很少，涉及规划上的控制手段还主要集中在高度控制和通视廊道上。在高度控制上《历史名城保护规划规范》中规定"历史城区必须控制建筑高度，应在分别考虑城区建筑高度控制分区、视线通廊内建筑高度控制和保护范围内建筑高度控制的基础上形成历史城区的建筑高度控制规定"。高度控制包括：对文物古迹保护范围内的建筑高度进行控制，保护古迹周边的景观环境；对视线通廊内的建筑进行高度控制，保护名城整体的视线关联和历史环境；对历史名城的建筑高度分级进行控制，保护名城的空间轮廓和周边自然环境景观的联系。图8-1为北京中轴线的高度控制示意以及实施情况，可以看出由于现有建筑的高度已经大大超过了规划高度，从而影响了北京开阔舒缓的城市天际线。

在通视廊道上《历史名城保护规划规范》中提出"视线通廊内的建筑应以观景点可视范围内的视线分析为依据"来确定高度控制要求，视线通廊不仅包括景点与景观对象相互之间的通视空间，还包括景点和景观对象周围环境的通视。图8-2是用通视廊道进行保护的方法示意，图8-3是凤凰历史名城保护规划中对上述两种方法的具体应用。

高度控制和保持视线通廊当然是保护历史风貌最有效的方法，但是这些方法控制的只是建筑，可以有效地防止类似福州著名的三坊七巷房地产开发模式悲剧的重演（图8-4）。但是对于建筑遗产的周边环境来讲，仅仅靠这项控制是远远不够的，以西安大雁塔前广场为例，我们可以看出建设者的"好意"，不仅没有违

图 8-1 北京中轴线的高度控制及实施情况（图片来源：张永龙. 历史文化古迹的环境保护[D]. 北京林业大学，第 32 页）

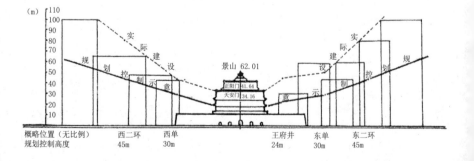

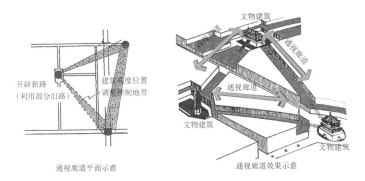

开辟新路
(利用部分旧路)

建筑高度位置
调整控制地带

通视廊道平面示意

通视廊道效果示意

文物建筑

图 8-2　通视廊道控制示意（图片来源：季雄飞著，《城市规划与古建筑的保护》，第 68 页）

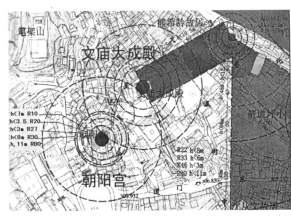

朝阳宫
$R<10$ $H<7$
$R<20$ $H<3.5$
$R<27$ $H<3$
$R<30$ $H<8$
$R<80$ $H<11$

大成殿
$R<22$ $H<8$
$R<33$ $H<6$
$R<46$ $H<3$
$R<80$ $H<11$

图 8-3　凤凰历史名城保护规划中的高度控制和通视廊道（图片来源：张永龙. 历史文化古迹的环境保护 [D]. 北京林业大学，第 33 页）

图 8-4　西安大雁塔前广场

反上述规定，还打通了视线通廊，解决了集散、停车问题，获得良好的驻足点和观赏点，还修建了仿古建筑，着力体现历史文脉，但是这个不古不今的大型广场丝毫不能体现它真实的历史脉络、历史气氛，更不要说对环境主体历史文化内涵的阐释和说明作用（图8-5）。说明现有的规划控制手段尚不能对建筑遗产的环境设计起到良好的控制和指导作用。

8.1.2　建筑遗产环境在具体保护方法上的研究现状及分析

在提出建筑遗产环境保护的具体保护方法时，常常提出的是绿化环绕、环状道路围合等，认为把绿色作为衬托，能够突出历史建筑的视角主体地位，树木能以姿态、高度、枝叶等从视觉上调和或消除其与邻近建筑的矛盾，同时还能净化生活环境，可谓一举两得。这是人们在开始阶段很容易想到的办法，但是随着保护工作的深入，仅仅用这样简单的保护方法作为建筑遗产提供保护的缓冲地带，不仅抹去了建筑遗产周围的历史信息，而且对于建筑遗产外部空间尺度的恢复来说，绿化也许是效果最弱的手段，从而使这种保护成为一种福尔马林式的保护，使建筑遗产成为城市中的盆景，失去了它在新的城市空间中的活力，也就淡化了它的价值（图8-6）。

还有一些诸如环境清理，视觉关键点引入，突出主题；❶ "拆+露"的模式；"历史建筑+广场"模式；"整旧如旧"模式；"恢复重建"模式等。❷这些方法用在建筑遗产周边环境的设计上就显得不够细腻，而且特别容易引起理解上的偏差，甚至发生错误。更

❶ 宋言奇，城市历史建筑周边环境的设计，城市问题，2003年，第六期，第9页。

❷ 吕海平，王鹤，城市景观建设中历史建筑的保护与开发模式，沈阳建筑工程学院学报（自然科学版），第19卷，第二期。

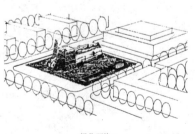

绿化环绕　　　　　　　　　　　　　　　　环状道路围合

应引起重视的是通常用这些方法实施的保护措施，不仅没有违反相关的法规条例，而且在某些情况下还使这些条例实施得更加彻底，但是正如作者在第7章所分析的那样，这些问题却正是由于简单地应用这些方法而产生的。从中可以看出，进一步完善、改进和深化这些保护法规，甚至设计条例的重要性和迫切性。

8.2 我国在建筑遗产环境法律法规保护的实际操作层次上的现状和分析

8.2.1 我国建筑遗产环境保护规划的可操作性不强

王景慧先生指出，目前对文物价值的损害大多反映在对文物环境的破坏上，❶我国建筑遗产按所处区位分为：（1）各级文物保护单位和散落在城市中的建筑遗产；（2）位于历史文化保护区内的建筑遗产。

对于各级文物保护单位和散落在城市中的建筑遗产，属于文物类建筑遗产的，按目前的《文物保护法》的十二条规定："根据保护文物的实际需要，经省、自治区、直辖市人民政府批准，可以在文物保护单位的周围划出一定的建设控制地带。在这个地带内修建新建筑和构筑物，不得破坏文物保护单位的环境风貌。其设计方案须征得文化行政管理部门同意后，报城乡规划部门批准。"而建筑控制地带，控制的只是新建筑的功能，建筑高度、体量、形式色彩等，至于建筑遗产周边建筑是拆建、加建，还是全部拆掉改建为广场绿地，都没有具体的控制，从而无法保证建筑遗产外部空间格局的特点，悬空寺和遵义会议会址就是由于外部空间性格和空间格局的丧失而大大降低了遗产自身的魅力。相比法国1943年的《纪念物周边环境法》规定，一旦某个"文物建筑"被确定，在其周边便自动生成500m的半径，在这个区域内一切建设活动、与文物建筑紧邻的建筑、围绕文物建筑的街道广场的空间特性、文物建筑周围的自然环境均受到严格的控制，由此可以看出在我国建筑遗产外部空间的保护上确实还有很多工作要做。

对于位于历史文化保护区内的建筑遗产，往往按照各保护区的规划要求实行，而现行保护区的规划往往明确的是各类历史建筑的现状、分布状况和整治措施，对其他城市空间要素没有明确的界定和分析，也没有通过分类对各个要素提出针对性的控制措施，从而对以后的建设工作真正起到指导作用。因此，这些控制措施不仅反映不到规划图纸上，而且在相应的规划条文中，通常

❶ 引自王景慧，《城市历史文化遗产保护的政策与规划》，第71页。

图8-7 我国建筑遗产整体性保护方面比较落后（图片来源：阮仪三著，《护城纪实》，第102页）

只对建筑高度、建筑体量、色彩和容积率进行控制。对于保护区内其他城市要素的建设，就缺乏控制和指导，加上管理体制、经济条件和全民保护历史文化环境的观念普遍比较淡薄，在涉及有关建筑遗产周边的建设项目的时候存在各自为政、标准偏低的现象，不可避免地造成我国建筑遗产整体性保护方面比较落后（图8-7）。

8.2.2　缺乏法定专家干预制度

一方面由于法制不健全，地方利益、长官意识常常支配我国的遗产保护管理和控制，这也就是体态臃肿的东方广场为什么会大大突破高度和容积率的限制，堵在距故宫仅1200m的北京皇城内（图8-8），严重影响古都平缓开阔的空间格局的原因。在另一个方面，保护规划水平的高低受该项目的主管部门和技术主持人遗产保护知识水平高低的影响。由顶尖专家组织和控制的是一个水平；由地方设计院组织和控制的是另一个水平；完全由商人或官员控制的，其结果就更可想而知了，而目前这种情况还屡屡发生。因此，组织合格的专家和专家团体来实施技术控制，显得尤为重要。

图8-8 东方广场建造前后对比（图片来源：北京城市规划学会主编，《长安街过去·现在·未来》，第121页）

8.2.3 法律法规在保护范围内的灵活性不足

不要说针对单个建筑遗产的，就拿针对保护区的来说，我国对保护区的管理较多地搬用城市一般地区的规划管理技术规定，但是每一个保护区都有自己的特性，所以针对保护区的管理措施必须有一定的灵活性，才能有效地保持和改善该地区的空间特色。例如保护区保护规划中，首当其冲的瓶颈在于：传统的街巷"无法"满足消防通道宽度4m的要求，这似乎已经成为某些削足适履者拓宽历史街巷或拆除建筑遗产的"充分"理由。如果满足了消防要求，传统的城市肌理和街巷结构又被迫改变，造成保护区外部空间魅力的丧失。历史街区固然有其不适应现代消防的地方，但我们为何不能尊重其历史的合理性，而以"无所不能"的现代消防技术去适应古老而迷人的历史街区呢？可谁又愿意为这种没有法律规定的变通负责呢？

英国早在20世纪70年代就注意到这些障碍，在规划政策导则第15条建议：对于土地的用途、密度、容积率、日照和其他规划问题的控制，在历史性建筑或保护区可以灵活掌握，这样才有可能使历史性建筑或保护区获得重生。

法国的特殊土地利用规划与一般土地利用规划有一个明显的不同点在于，可根据保护区域的特点，对一般土地利用规划作规定，包括建筑高度规定、红线的位置、绿地面积的增减等进行修改。

8.3 对我国建筑遗产环境设计的对策建议

8.3.1 提高对建筑遗产环境问题的认识

我国的建筑遗产环境问题长期得不到重视，或是不被视为遗产的一部分而受到轻视，或是由于经济和政治的需要而被篡改。对于远离城市喧嚣的世界文化遗产、重点保护文物、国家级风景区，由于外部环境保护观念上的偏差，已经对遗产本体的历史文化价值构成了巨大的威胁，更不用说我们国家的城市在现代化建设中，城市的建筑遗产及其环境所受到的一轮一轮的冲击。而后一部分问题正是我们在日常的设计工作中，会常常遇到的。但是我们是五千年的文明古国，在今后的城市建设中实际上有很多这方面的工作值得去做，而相对德国、法国那些在第二次世界大战中被摧毁的城市，这些工作从理论上说也应该更容易些。从前几章的分析中，我们也可以看出，在现阶段与建筑遗产环境相关的设计中，出现的这些问题，大部分是由于观念的淡漠造成的。在这里面提高每一个从业人员对保护我国珍贵建筑遗产的认识是第一位的，只有有了正确的意识，才会有深入去挖掘的动力。在具体方法上欧洲国家为我们提供了很多有益的经验，值得我们去学习和借鉴，但我国也有很多具体的条件和因素，如人口多、经济相对落后等，也是我们在设计和工作中必须加以考虑的。

8.3.2　增强建筑遗产环境的研究机制

我国的保护规划主要就落后在对建筑遗产外部空间的规划上，都仅仅局限于对建筑遗产的保护和对周围新建筑的控制上，而建筑遗产的外部环境是由很多空间要素组成的，而我们的保护规划对此没有明确的分类，更没有针对各个不同特征的空间给出控制和建议。

对于保护区来讲，现在对于保护区内的现状建筑基本能够做到深入到户、落实到图进行分类，并对每一类建筑提出相应的整治意见。但是从保护区整体性保护的角度上讲，建筑只是各个相互作用的城市要素的一部分，而我国的保护区对于建筑遗产的外部空间环境的规划只有古树名木位置和绿化系统规划。而绿化系统规划也只有增加公共绿地的位置，这实际上反映了建筑遗产的外部环境长期得不到重视，我国的建筑遗产保护整体性不强。

同时，建筑遗产的环境设计是一个涉及多方面因素、复杂的综合系统，很多问题互相纠缠，有的可以解决，有的仅仅通过环境设计无法解决。有的是资金问题，有的是现阶段无法解决，但将来可得到更好的解决，我们是否可以为它搭建一个过渡平台等等。保护好建筑遗产需要多个相关领域的相互配合，包括建筑学、城市和区域规划、景观规划、工程学、人类学、历史学、考古学、人种学、博物馆学和档案学等。我们应从实际出发，建立一个多学科、多方法、综合性的研究框架，各个专业相互配合，共同完善我们国家的各类保护规划。例如巴黎香榭丽舍大街的改造就是一项系统的工程，街道空间的治理、整合、美化，只是这一工程的一个部分。与此同时，还要包括市政工程的建设、沿街建筑立面的恢复，进而对土地利用规划中土地的使用功能进行调整，对沿街建筑的使用功能进行干预，通过这一系列的措施，场地的历史内涵才得以延续。

8.3.3　增强建筑遗产保护规划的可操作性，加大其对实际建设的指导作用

保护规划应该对影响外部空间的各类现有要素都有明确界定，并控制其可变动的程度，还要将所有界定的信息都同时反映在规划图纸上，其格式和要求的内容应该是全国统一的，从而使规划图纸和其规划要求是一份易于理解、要求明确，并有直接操作意义的城市规划文件，对城市实际的建设有明确的指导作用。并结合中国城市规划的具体实践和要求，提出切实可行的规划条件，以融入城市规划的控制体系中去。

1. 法国保护规划的实际操作性借鉴分析

再以法国布雷斯特的ZPPAUP规划为例，分析这种规划→建设的控制：如图8-9所示，对有关建筑遗产外部空间的分类非常细致（见图中红框部分），那么具体到相关地段的整治和改造时，就有了明确的依据。

比如具体到dajot大街改造时（上图画蓝框部分），这一地段属于"具有特征的城市空间"，图8-10分析了dajot大街在历史发展过程中沉积下来的外部空间的性格特征，并将这些特征反映在它ZPPAUP规划图上，以便对今后各类建设活动起指导作用。这些特征表现在两个方面，一是体现了不同水平面上的城市要素共同形成的多层次的城市景观，从下至上分别为海面、堤岸、海岸上的建筑界面、城墙以及dajot大街的建筑界面。其二是四排笔直的树木形成的柱廊意向，并限定了散步的空间；深色的松树在规则的树木和草地中凸显出来，成为对于原有城墙位置的另一种限

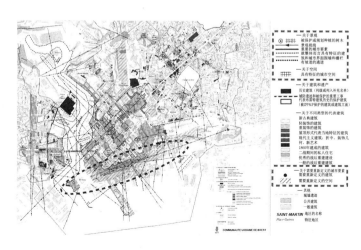

图8-9 分析布雷斯特的 ZPPAUP 规划图对具体建设的指导作用

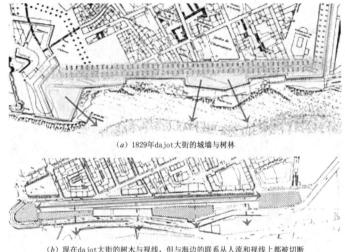

（a）1829年dajot大街的城墙与树林

（b）现在dajot大街的树木与视线，但与海边的联系从人流和视线上都被切断

图 8-10 dajot 大街历史发展历程中沉积下来的特征反映在 ZPPAUP 规划上（图片来源：在原图片基础上分析，原图片引自：ZPPAUP du Centre-Ville de Brest, Communaute Urbaine de Brest et la Ville de Brest, 2000）

（c）dajot大街在ZPPAUP规划中保持原有特点并改善这种联系

定，从很远的海面上就能容易地辨认出。

现在dajot大街仍有很多不尽如人意的地方，还需进行进一步的整治，而在这样的地段上实施任何建设活动时，必须保留在以上特征的基础上才可以进行，从而提升整个空间的品质。所以在ZPPAUP规划的说明书中明确指出了在未来与改变dajot大街有关的活动中，应该遵循的原则：关于景观视线——改善东西纵向的视觉效果，加强其西端的城堡在景观系统中的识别性，使之成为真正的视觉焦点；关于城市氛围——各种建设活动，特别是涉及改变现有树木的活动，不得削弱树木和沿街建筑构成的空间秩序（图8-11），通过这样的规划→建设的有效控制和指导，才能使整个区域整体的历史风貌得到很好的保持。对比图8-12中dajot大街近百年的面貌，所有上述分析的特征，例如树廊、视线等确实得到了很好的保持。

图 8-11 分析 dajot 大街未来建设活动应遵循的原则

图 8-12 dajot 大街近百年的面貌对比（图片来源：Emmanuel SIOU, Memoire en Images: Brest, 1995）

2. 我国保护法规对实际建设的控制分析

　　作者也试图找出与北京故宫金水河相连的北京菖蒲河公园是不是也有类似的控制方法和措施（图8-13），我国的保护规划中对这样的核心重要地段有什么样的要求和控制。我为此查找了北京市规划委员会编制的《北京旧城二十五片历史文化保护区保护规划》、《北京历史文化名城北京皇城保护规划》等资料，菖蒲河所在地区属于北京旧城二十五片历史文化保护区之中的南池子、东华门大街一片，相对于被第二次世界大战夷为平地的法国布雷斯特的ZPPAUP规划，《北京旧城二十五片历史文化保护区保护规划》本应是较ZPPAUP规划更细一层次的保护区规划，但是正如图8-14所示，在涉及保护区内与外部环境有关的图纸：保护与准保护树木分布与绿化规划图、土地使用规划图、交通规划图，内容只有古树位置、绿化色块和街道的宽度；在规划文本的绿化系统规划中对菖蒲河公园的描述是："在规划中，拟增加集中公共绿地四处……于筒子河水系东南角，布置开放绿地和居民文化活动中心，既可以借东华门和故宫角楼之景，又可以改善沿河景观"。

　　同时作者还从中产生了一个疑问，菖蒲河公园所在地不仅在《北京旧城

图 8-13 菖蒲河公园与北京故宫金水河相连

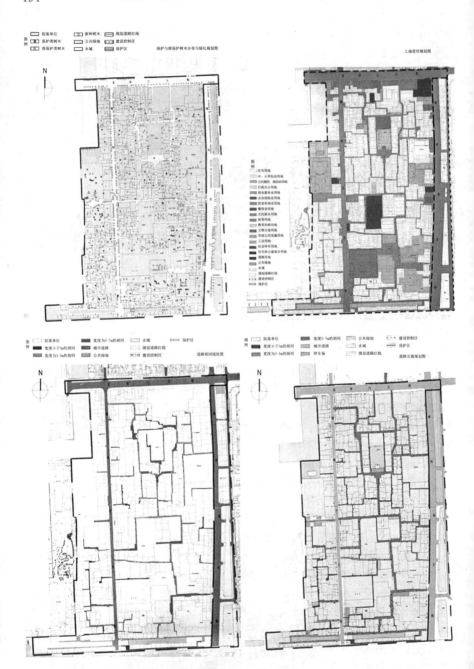

图 8-14 菖蒲河所在《北京旧城二十五片历史文化保护区保护规划》（南池子、东华门大街）中与外部环境有关的图纸

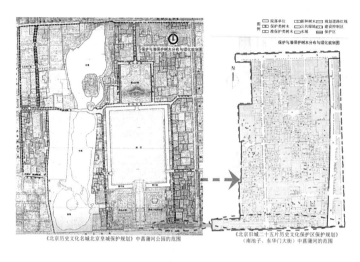

《北京历史文化名城北京皇城保护规划》中菖蒲河公园的范围　　　《北京旧城二十五片历史文化保护区保护规划》（南池子、东华门大街）中菖蒲河的范围

图 8-15 菖蒲河公园在《北京历史文化名城北京皇城保护规划》与《北京旧城二十五片历史文化保护区保护规划》中的不同范围（图片来源：北京市规划委员会. 北京历史文化名城北京皇城保护规划，第 172 页；北京市规划委员会. 北京旧城二十五片历史文化保护区保护规划，第 223 页）

二十五片历史文化保护区保护规划》的范围内，也在《北京历史文化名城北京皇城保护规划》的范围内，为什么两个规划的范围不一样呢（图8-15）？为此我又查了编制年代，这才发现《北京旧城二十五片历史文化保护区保护规划》编制的年代是2002年2月，《北京历史文化名城北京皇城保护规划》编制的年代是2003年4月，而菖蒲河公园在2002年9月就建成了。由此可见我国的保护规划起步晚，所做的深度还远远不够，对具体建设缺乏指导力。这不应该说明我们的专家水平不够，而是完全可以理解的，国家的建设速度太快，不赶快编出来，恐怕遗产早被拆光了吧！

8.3.4　面对建筑遗产环境保护规划层次上的不足——设计师的责任及对策

1. 面对建筑遗产保护规划层次上的不足，设计师面临的问题

通过以上分析，我们了解到国外在建筑遗产外部空间规划时，所做的细致而深入的工作，也了解到我们国家的差距，加上我国现在飞快的城市建设速度，这种差距我们国家还没有能力马上弥补，但是这项工作，在我们有机会从事相关项目设计的时候，有可能会落在各位设计师的手中，一定要把它补在前头。

更值得关注的是，由于我国经济、社会的发展状况还比较落后，对建筑遗产的保护，并实施保护规划的数量是极其有限的，有大量值得保护的建筑遗产及其环境散落在城市的各个角落，它们的价值现在也许还不能引起人们的重视，但正如国外20世纪60

年代以来在城市建设的各个领域发生的变化，它们必定会日益走进人们的视野中。所以，从现在起就应该负起设计师的责任，在从事的相关项目中不遗余力地捡拾起历史的痕迹。

但现在恰恰是这方面很少有人关注，在作者写作论文的过程中，需查阅大量参考资料，发现改革开放以来，城市历史风貌的保护，城市更新，历史街区、历史建筑的再利用等方面的研究和论文较多，但涉及建筑遗产环境的研究则不多见。从实践中我们也可以发现，在涉及这方面问题时基本上处于一种放任自流，无理论、无规划指导的状态，建筑遗产历史环境的控制全靠设计师各自对此的认识和敏感度，客观上造成了设计上的良莠不齐。

2. 加强设计的分析过程

涉及建筑遗产的环境设计时，它的外部空间特征和性质的分析是第一位的，这里面不仅要缕清场地的历史沿革，还要从客观的角度，从图底分析中，寻找需要尊重和保留的空间、空间界面、景观视线；此外还要从文化的角度，在场所中寻找需要尊重的场所，如遗留的建筑、特别的空间和标志物、某个事件的记忆场所……所谓场所（place），就是人们的日常活动空间，城市中每一个场所都由两部分组成：场所的性格（character）和场所的空间（space）。一个场所就是一个有性格的空间，它不仅包括各种物质属性，还包括文化联系和人类在漫长时间跨度内因使用它而使之赋有的某种环境氛围。这种超出物质性质、边缘或界定周界的重要情感内容，就是场所精神（spirit of place）。设计的本质就是显现场所精神，创造一个有意义的场所，从而帮助人们对坏境产生归属感和认同感。

同时，将这些外部空间的特征归纳总结为图8-16所分类的建筑遗产外部空间特征中去，记录下建筑遗产外部空间值得保留的特征，在图纸上清晰地标识出来，并以文字的形式对每一个特征加以说明。在此，需要注意的是，每一个建筑遗产，其环境或外部空间都有其自身的特点，这些特点无好坏之分，是客观的，不应该人为划定其为"积极的"或"消极的"，应针对这些特点进行

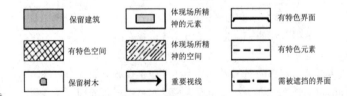

图8-16 分析图例示意

分析和设计。

3．制定设计导则

在上一步分析结果的基础上，进行概括和提炼，通过文字和图示相结合的方式，对场所内各要素提出清晰的保留和控制的范围。保留就是原状保存一些重要的原始信息，通过"尊重"的手段结合到新的活动内容中去。控制就是对新元素的介入提出一个范围，可按强度分为三类：（1）指令性控制，文字表达多用"应"、"应该"、"必须"；（2）选择性控制，文字表达多用"宜"、"可"、"适于"；（3）定性控制，提供一个范围，具体由设计人员自行安排。控制的强度可沿建筑遗产向外逐渐放松。就像法国有《纪念物周边环境法》规定在文物建筑周围500m半径范围内划定保护范围，我们没有这样的法律依据，只有依靠广大设计人员，在从事相关项目的时候，协调各方面的关系，在可能的范围内，将建筑遗产及其环境的历史痕迹、历史信息多留下一些。

8.4　对设计师经常要面对的两类建筑遗产的环境设计提出的针对性建议

我国建筑遗产的环境设计问题纷繁复杂，但作为设计师，我们常常会遇到的是两类问题：一类是世界遗产、重点文物保护单位、国家风景区周围环境的设计问题；另一类是位于城镇或城镇边缘的建筑遗产环境的设计问题。针对这两类建筑遗产的环境设计问题，在这里初步提出一些建议和方法。

8.4.1　世界遗产、重点文物保护单位和国家风景区

缘起：由于遗产自身具有极高的历史文化价值和独特性，从理想状态来讲应该严格保护和控制。但从现实角度来看，这些珍贵的遗产，不可避免地对游人、当地人、地方政府产生巨大的吸引力，由此带来的功能性问题、经济问题甚至政治因素都会对单纯地保护带来巨大的冲击，这时候规划和设计就成为协调两者关系的重要手段。在这里正确的理解和正确的规划设计手段就是对遗产的保护（图8-17）。

建议：对于这一类建筑遗产的环境设计问题，应该采取最小干预原则。以保持其自

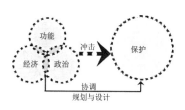

图 8-17　保护与设计的关系

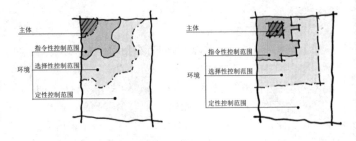

身空间、视线、气氛、植被等多方面特色，任何服务性、功能性的建设不应局限于高度控制、视线、观赏点等冷冰冰的数字控制中，因为任何一个有价值的遗产连同它的环境都是有性格的整体。

对策：建议采用以下四个步骤：

（1）先应用上述分析手段，分析建筑遗产外部空间值得保留的特征。

（2）再运用控制手段，划出指令性控制范围、选择性控制范围和定性控制范围，各个范围的形状和大小应依据建筑遗产外部空间的特色而各不相同。在指令性控制范围内，应采取最小干预原则，控制新元素的介入；在选择性控制范围内，分析必须保留的旧要素，并对新要素的介入提出控制；在定性控制范围内，提供一个范围，具体由设计人员自行安排，如图8-18、图8-19所示。

（3）应按8.3.4节"3.制定设计导则"中的保留和控制原则，对后两个范围内场地中各个要素的保留和介入提出控制，并制定出设计导则。

（4）严格依据设计导则，提出具体的方案和措施。

8.4.2　位于城镇或城镇边缘的建筑遗产

位于城镇内的建筑遗产环境，由于涉及经济问题、政治因素、土地权属、市政规划等多方面因素，设计师所面临的问题往往是比较复杂的。

1. 建筑遗产及其环境未被破坏

缘起：由于我国历史悠久、地域广阔，还是会有很多建筑遗产及其环境没有受到破坏。

建议：绝不能让类似遵义会议环境改造事件的悲剧重演，保持建筑遗产周边的空间尺度、性格和景观视线，避免其又沦为城镇中孤岛的命运。

对策：在设计师可能的范围内，应采用与世界遗产、重点文物保护单位、国家级风景区相同的对策，在保留其外部空间的空间特色、氛围的基础上，划定保护和建设的范围。但由于城市中各方面的相互纠集和制约，这种范围的划定多数是多方协调的结果，这时设计师的作用可能更多是协调员的角色。

2. 建筑遗产及其环境遭到破坏

缘起：这也是我们在实际工作中最常遇到的，这是由于中国现在快速、大规模的建设活动，建筑遗产及其环境到了我们设计师手中时，常常是一种非常尴尬的境地，设计师常常面对的是遭到部分破坏，甚至面目全非的建筑遗产及其环境。

建议：建议从以下三方面入手，恢复断裂的记忆：

（1）场地历史信息最大化保留。作为展示历史发展的过程，我们对于这些信息在文化上应当是包容的，信息应当是客观的，就像德国产业遗址的保留、战争痕迹的保留，这里面没有人为所定的"积极的"和"消极的"。保留不是一个消极的手段，还要将它们结合到新的活动内容中去，在新的城市空间中继续发挥其生命力。

（2）修补建筑遗产外部空间的尺度。通过外部环境合理的功能布局，老房子的改建、再利用和适当的加建，把建筑遗产原有的肌理向外延伸，使建筑遗产的价值随着尺度的回归而得到加强。

（3）恢复建筑遗产外部空间的活力。建筑遗产常被看作"新设计、新思潮"的障碍，被设计师抛弃在环境的一角，我们应把建筑遗产看作是环境的主角，将分散的人流集中起来，通过人们的使用、人们的穿行，提高建筑遗产外部空间利用率，从而使场地中蕴含的历史信息被重新发现和认识，并得以传承。

对策：建议采用以下三个步骤：

（1）先应用上述分析手段，分析建筑遗产外部空间值得保留的特征，由于已经遭受到破坏，不能像上两类一样，能够有划定范围进行控制的可能性。

（2）根据前期的分析结果，对外部空间的特征进行概括和提炼。同时，设计师应按8.3.4节"3. 制定设计导则"中的保留和控制原则，通过控制场地中各个要素，达到保持和延续这些特征的目的，并制定出设计导则。

（3）严格依据设计导则，提出具体的方案和措施。

3. 建筑遗产及其环境已经消失

缘起：由于我国城市建设的迅速发展，大量建筑遗产及其环境不断地消失了。

建议：即便是这样，就像德国卡塞尔大学Jurgen von Reub教授等欧洲大批这样的设计师一样，在战争后满目疮痍的场地上不断寻找历史的痕迹，寻找自己的根。我们国家虽然也遭受到很多建设性破坏，在建筑遗产的地表部分已不复存在的场地中，我们难道没有探寻的责任吗？

对策：研究传统肌理和场所特征，探究它在新的城市空间中重生的可能性，并精心抓住场地中残存的历史印记，组织到新的城市空间中去，留给后人以回忆，甚至是疑问也会同样产生作用。这一种情况更是对设计师意志、品质和素质的考验。

8.5 建筑遗产在公众参与上的不足

公众参与已成为国外历史文化遗产保护的另一个重要特点，使得自下而上的保护要求和自上而下的保护约束能在一个较为开放的空间中相互接触和交流，并经过多次反馈而达成共识，使得民间自发的保护意识能够通过一定的途径体现为具体的保护参与。比如世界上无论哪个国家，城市保护的最大难度不在名胜古迹，而是在民居方面。巴黎的老城区也曾经街道狭窄、房屋设施陈旧、卫生条件差，从实用的角度完全有理由拆掉，这些理由被房地产商们叫嚷得最凶。当巴黎民居面临毁灭的厄运时，巴黎人挺身而出，在报纸上写文章，办展览，成立街区保护组织（如历史住宅协会、老房子协会等），宣传他们的观点。巴黎人认为，正是这些老屋、老街构成了"历史文化空间"，巴黎人的全部精神文化及其长长的根，都深深扎在这里。他们为此付出了数十年的努力，如今这些观点已经成为共识，并且产生了清晰的民居保护区和严格细致的保护法规。

我国遗产保护是靠专家不断呼吁和政府的批示，基本上是自上而下的单向行政管理制度，使得保护工作缺乏社会基础。而专家的声音在与行政管理的较量中还是处于劣势地位，例如针对北京大学对镜春园和朗润园的新规划，据新京报记者蒋彦鑫报道："著名古建专家、中国文物学会会长罗哲文先生在提出对规划草案有看法的同时，也提出了自己的担忧，'专家的意见仅仅是建议而已，并没有实质性的权利'。罗哲文表示，两次论证会上专家们的意见有些和规划草案不太统一，'比如针对新建筑的体量，在北大的规划中，密度有些过大，当时我们就建议说，房子有些过多了，应该减少一些'。罗哲文介绍说，按照程序，专家提出意见后，北大方面并不需要给专家回复这些意见是否采纳，所以，在论证会上的专家意见最终是否加进了规划，罗哲文表示自己并不知道。"❶从这一现象可以得知仅靠专家也是难以发挥作用的，但是最近我们还是欣喜地看到，在有关圆明园清淤工程、北大校园核心区大规模拆迁工程等重点文物保护单位的建设项目在媒体曝光后，引起了全社会的广泛关注，不管这里面的意见有多少是正确的，至少表明随着社会经济的发展，建筑遗产正日益受到全社会的关注，而且可以预见这种关注的广度和深度会不断深入。群众和舆论的关注无疑会使决策者和设计者对遗产保护采取更审慎的态度，从而提高我国建筑遗产整体性保护工作的水平。

❶ 引自www.thebei-jingnews.com，2006-2-14，3：23：12。

第9章

建筑遗产环境设计的实例研究
——以明城墙遗址公园为例

9.1　我国城墙历史发展的历史沿革以及城墙周围环境的变迁

9.1.1　中国城墙的历史悠久

中国筑城的历史十分悠久，从图9-1所示《周礼·考工记》中记载筑城法则算起，至鸦片战争以后城墙功能逐渐丧失为止，其历史长达2800多年。城墙是古代防御敌人的主要构筑物，在生产力水平低下的奴隶社会、封建社会里起到了巨大的军事作用和防御作用，推动了中国城市的发展。随着火器时代的到来，古老的城墙陷入无能为力的尴尬境地，城墙慢慢变为制约城市发展的紧箍咒，新中国成立后几乎各个城市都在拆除城墙，遗存至今的很少，明城墙就是北京城仅存的两处遗址之一（图9-2）。

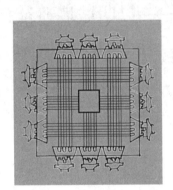

图9-1《周礼·考工记》中记载的筑城法

图9-2 北京城仅存的两处明城墙遗址

(a) 东便门城墙遗址　　　　　　(b) 西便门城墙遗址

9.1.2　以图示表示北京城墙的历史发展过程

图9-3表明了北京城墙历史变迁的过程和原因：

（1）金中都是在北京的原始聚落上发展起来的最后一座大城。

（2）1264年，忽必烈火烧金中都后，在其东北方向择址建元大都。

（3）1420年，明朝对元大都进行了大规模改建，1553年又在城南加筑外城，形成了北京城特有的"凸"字形轮廓，内城设9门，外城设7门，共16门。

（4）清朝全部继承了明朝的北京，再无变动，一直到新中国成立前夕。

（5）新中国成立后，首都发展规划的制定对北京古城的命运起了决定性的作用。梁思成先生主张将旧城作为文化中心保存起来，在其西部建立新的行政中心。

（6）最终梁思成的意见没有被接受，仍将行政中心放进了旧城，加上经济、交通、人口的压力和文物保护观念的缺乏，城墙最终被拆毁，北京城发展如同"摊大饼"，越摊越大。

北京城墙的历史发展过程如图9-4所示：

（1）最初的城墙是夯土墙，比如元代的城墙，这主要是由于经济的原因。

（2）到了明代才开始用砖石包砌——内为土心，内外壁下石上砖，绵延34km（包括内城垣周长20km，外城垣周长14km）；如图所示，墙体高11.36m，城垣外侧雉堞高1.6m，总体高13.2m；墙体地层宽19.84m，顶部宽16m；城垣外侧筑成城垛，其高度与城垣相同，尺寸14～15m，城垛间距不等。

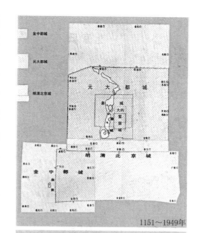

1151～1949年

1949～1950年

北京市区总体规划方案

1950～2000年

图9-3 北京城墙的变迁及原因

（3）自清朝末年，第一辆火车从城市东北角楼开入北京，北京的城墙就在随着时代的发展不断地发生着变化。随着环城铁路的修建和战火的洗礼，北京的城墙渐渐有了许多缺口。但到新中国成立前夕，基本上还是保存完好的。

图 9-4 北京城墙的历史发展过程

（4）给古城墙造成灭顶之灾的却是新中国成立后北京新发展规划的制定，使得旧城遭到严重破坏，城门、城墙更是成了妨碍发展和交通的焦点。

（5）最早的拆城运动始于1951年；至1958年止，随着城市的发展，绝大部分城墙已不复存在了，取代它的是环城公路和地铁。

9.1.3　明城墙周围环境的变迁实际上是历史上城墙环境发展变化的一面镜子

图9-5分析了明城墙周围的环境变迁过程，这一过程实际上是历史上很多地方城墙周围环境变迁的缩影：

（1）最初在城墙下由于军事目的（如调动兵力），城墙内侧一般都有完整的环路，后来随着城内外贸易的增长，城墙外侧也形成了一些土路，但总的说来，由于军事及安全方面的原因，20世纪20年代这里还是杂草丛生、荒无人烟的地方。

（2）后来随着城墙作用的日益消失，城边土地管理比较松散，从1930年代开始一些贫困人家渐渐在此定居，形成棚户区，后来住户越来越多。

（3）1919年修地铁时，大部分城墙被拆除。由于本地段北部为北京站，所以地铁北拐，没有拆到它。

（4）铁道工程兵在原有房屋基础上就地取材，用城砖、夯土

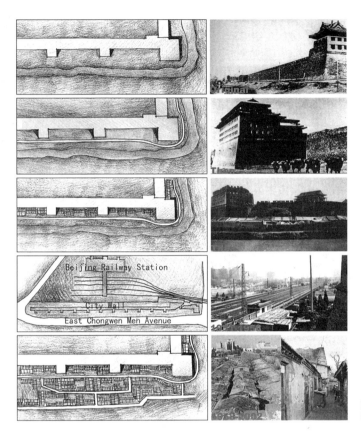

图9-5 明城墙周围环境的变迁

建起一些低矮民居，在这宽几十米、长一千多米的地带中，竟有上千人居住。在1980年代的建设热潮中，早就有房产商看中了这片地，但也正是由于这些房舍，才能把这段城墙保存了下来，没有在城市建设的热潮中被连根铲除。

9.2　明城墙遗址公园国际招标方案比较

2001年3月，北京市政府决定要对这段城墙和城楼进行妥善地保护和整修，组织了东便门明城墙遗址公园规划设计方案招标活动。规划用地从崇文门路口至东便门角楼，用地范围内历史上原有城墙1250m，设有13座马面。现在只西端有长约200多米的一段保存较完整，并留有2个马面，残高8～10余米不等；中部损毁严重，只有长约100m的残墙仅余南墙面；另有两段各长约10m的残墙

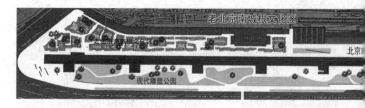

岌岌可危，只留数米高的南墙面和夯土；与东北角楼相连的140m城墙保存完好；其余大部分已无地上遗存（图9-6）。

参赛的所有方案都是从"尊重历史，发扬人文精神"的角度出发，获奖方案与参赛方案最大的不同就在于对遗址的理解上。例如图9-7、图9-8所示获得三等奖的方案，参赛者们在不再去重

图9-6 明城墙遗址的原状

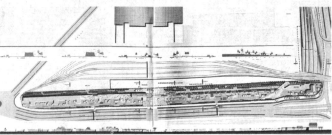

图9-7 明城墙遗址公园规划设计招标三等奖方案（图片来源：尹筱周．尊重历史、再造历史、发扬人文精神——北京东便门明城墙遗址公园的规划方案介绍[J]．世界建筑，2001，8：87）

图9-8 明城墙遗址公园规划设计招标三等奖效果图（图片来源：尹筱周．尊重历史、再造历史、发扬人文精神——北京东便门明城墙遗址公园的规划方案介绍[J]．世界建筑，2001，8：84）

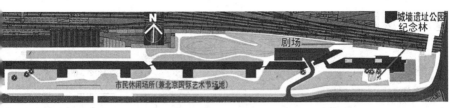

建城墙的观念上还是有共识的，但是此方案总想利用设计的技巧和方法在遗址和环境中去隐喻、象征历史的影子，如玻璃城墙、水城墙、树城墙、地面旧地图等等。

　　获一等奖的方案却认为不应该对城墙进行任何美容，而是"修旧如旧"，除对城墙进行必要的加固外，不做任何处理，以唤起人们的记忆，展现真实的历史层面。正是由于该方案对遗址的深刻认识和正确理解，使得这个既没有风景照片，又没有效果图的方案获得了一等奖（图9-9）。

　　但同时，我们在比较它们的环境设计方案时，却发现它们并没有什么本质的不同，共同的特点就是保留现存的古树，周围绿地不多做设计，不添加新的景观元素，以烘托城墙的沧桑之美。一等奖方案将遗址公园分为以下几个区域：西端城墙北侧为老北京南城根文化区，方案在保存良好的城墙西段的北部设计了以一层院落式仿古建筑为主的院落式建筑，功能上为戏院、现代画廊等；西端城墙南侧为现代雕塑公园；中段为北京站出口广场区；东段为东便门角楼区。方案的优点在于考虑将现代生活编织到这个不断变化的肌理中去，但问题却是这又是设计师的想象，在遗址公园的设计中，在与现代生活交织的同时，应把过去真实的痕迹或多或少地留下来，告诉后人。通过上一节的介绍，我们可以知道这不是城墙下的生活，这不是真实的历史。城墙——作为城市的边缘，它在旧时是权力与经济的边缘；在新的历史时期被认为是束缚城市发展的边缘。城墙下的故事从来就不是歌舞升平、高贵脱俗，而是战争、贫困，人们在夹缝中争取生存空间的边缘地带。这些设计的"传统"不是历史的延伸，而是被编造出来的商业化的伪装。大众的集体记忆被改造了，甚至欺骗了，人们将会忘记历史的本来面貌（图9-10）。

9.3　对明城墙遗址公园的实施方案的思考

　　明城墙遗址公园的最终实施方案除了遗址的处理方式，并没有按招标方案实施，原因也在于设计师通常爱犯的毛病——做过

图9-9 明城墙遗址公园规划设计招标一等奖方案（图片来源：图9-9、图9-10均引自张珂，维尼塔·希德. 关于东便门明城墙遗址公园的规划设计 [J]. 世界建筑，2001，8：83）

老北京南城根文化区

剧场

图 9-10 明城墙遗址公园规划设计招标一等奖方案局部

了，比如按照理想的方式拓宽红线、不顾造价等等，这样的做法不仅是做过了、做错了，而且是事实上对后继的工作没有指导意义。工程的施工图设计实际是北京市园林古建院完成的（图9-11）。

明城墙遗址公园是近期涌现的建筑遗产外环境设计作品中比较成功的，原因首先在于有关主管领导对于遗址公园的理解，他们在选择竞赛方案和施工过程中，始终抓住了两点：一是遗址主体一定要突出；二是绿地风格尽量朴野一些，选择的树木也尽量是山桃、山杏一类的苗木，所以一进入公园，人们就可以感受到城墙遗址、古树始终是场地中的主角，以及场地中蕴含的沧桑感（图9-12）。

但是仅仅这样的表现，对于主体的阐释还是不够的，城墙旁边的历史不仅仅只有城墙，城墙边上的房屋首先被认为是私搭滥建危房，被夷为平地。然而在城墙400多年的历史中，这些有80年

图 9-11 明城墙遗址公园实施方案

图 9-12 明城墙遗址公园建成效果

左右历史的危房也是它的历史，是不能被替代的一笔，尤其在对于城墙近代历史的阐释上。对于中国大量的建筑遗产来说，它们当中所体现的重要意义，应该是多种多样的：记载事件、刻画过程、代表成就等等。而也有相当多的历史痕迹在一般人的观念中是不愿意被反映的，但它们又真实地存在着，如果不把它们反映出来，对我们的将来来说也是一种损失。所以在有关遗产保护的设计中，就要承认不同时期留下的痕迹，不要按现代人的想法去抹杀它。如果按现在的设计，城墙脚下近80年的沧桑巨变就被抹杀了，它们变成了曲折的园路和草坪花木，这片绿地仅仅是城墙的背景吗？我们的后人来到这里或许会认为城墙下就是如茵的绿地，人们可在其中悠闲地漫步。他们还会想起城墙下发生过的故事吗？

如此这样的说法不是说要一成不变，而是要将历史的痕迹或多或少保留下来，并重新组织到新的场所中去，重新焕发新的生命力。这种痕迹所带来的疑问，使得它的复杂历史能够在使用中得以传播，在人们的相互交流中得以传播，我想也许比在美丽的大花园里立一块追忆历史的照片效果要好得多（图9-13）。

我也试图在这一场地中寻找这种可能性，通过分析原来场地中的元素，将这些元素分为两类：一类是必须保留的，比如城墙、树木；另一类是通过控制手段部分保留，并应用于新的场地中，重新焕发生命力，比如过去残存的建筑片断及其周围场地、街巷、过去场所精神的代表等。

（1）过去残存的片断：过去城墙周围建筑的残墙，以及周围

图9-13 明城墙遗址公园展示过去历史的方式

的街巷、场地可以被部分保留，并在新的场地中被重新使用。比如可以用作儿童的游戏设施，使儿童在游戏中产生疑问，通过他们的父母亲向他们讲述城墙的历史和为什么现在是这个样子。这样，城墙的历史就可以通过人与人交流的形式，一代一代传下去。

（2）门：作为传统入口的标志，一扇过去建筑的门，作为一种场所的精神代表，重新用于这个城市开放空间的入口，当人们从中穿过的时候，时光仿佛凝固于过去的某个时刻。

（3）井：作为从前居民的交流中心，水井及周围空间在过去人们日常生活中占据非常重要的地位，作为一种场所的精神，现在它的周围空间仍是人们聚集的休息场所，水井作为场所精神的一个象征，可以被用作水景、花坛、座椅等等，重新结合在场地里，焕发新的生命。

（4）园路：过去四通八达的旧街巷，也被部分保留下来，再次成为人们游览的通道，提醒人们这里曾经发生过的一切。

（5）东便门角楼周围：一度演变为东便门车站站台，作为北京城墙的象征，它一直都是公共活动的中心，现在仍然将它的周围作为整个场地的中心，它是多功能、不确定的，并为将来潜在的功能提供舞台。

（6）通过所有这些设计手法，明城墙周围的历史痕迹，不是像现在的情况一样被美化和抹杀了，而是在新的场所中延续了生命，并不断使人们产生疑问，引导人们去探究它曾经的历史（图9-14、图9-15）。

希望这是一个问题的开始而不是一个最终答案。北京是一座古老的城市，城市需要记忆，对这样一片特殊地带，我们不应当仅仅停留在对"美"的追求的层次上。城市居民的集体记忆与城市环境息息相关，而记忆是通过对环境的感受积累而成的。

图 9-14 东便门角楼周围重新规划为公共活动的中心

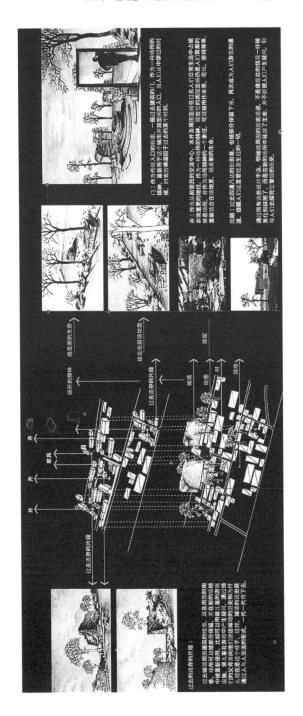

图 9-15 明城墙遗址
公园规划设想

虽然明城墙遗址公园在表现遗址主体方面是为数不多的比较成功的例子，但是还有相当一部分人，甚至是专业技术人员在提起它的时候总觉得"明城墙遗址公园没什么好看的，那里面没做什么东西，比皇城根遗址公园差远了"。明城墙遗址公园的有关主管领导每年也在顶住各种要往场地里面加东西的压力，时间长了甚至自己都怀疑"我们这样做对吗"。综上所述，我们可以得出结论，在正确认识和对待建筑遗产环境设计的问题上，从上级领导、专业技术人员到普通群众都是相当迫切的，在这里面正确的认识是第一位的。

9.4　国外城墙遗址的处理方法简介

9.4.1　法国巴黎的菲利普·奥古斯特城墙遗址

法国巴黎先后筑过5道城墙：13世纪的菲利普·奥古斯特城墙、14世纪的查理五世城墙、17世纪的路易十三城墙、18世纪的包税人城墙和19世纪的蒂埃尔城墙（图9-16）。

巴黎城墙作为城市的边缘，其周围的环境也像中国一样，巴黎历次城墙建设的直接后果，是在新老城之间出现一些模棱两可的灰色区域。这里既没有明确的隶属关系，也不受任何制度约束，其中的建设活动或多或少地带有无政府主义色彩。与老城精心构筑、井然有序的城市景观截然不同，这里很快成为那些希望以低价换取更大空间和更多绿地的居民的庇护所。

奥古斯特城墙是现存最古老的城墙，现存部分长约120m，是塞纳河右岸保存最完整的古城墙。人们在保护这段古城墙时，并没有将它与世隔绝，而是还让它保持原来的真实状态，行使它原

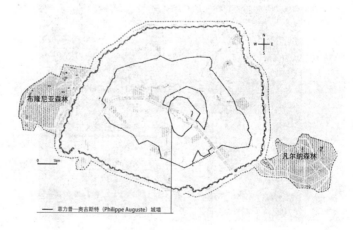

图 9-16 巴黎历代城墙范围图

来的作用：建筑的一部分——建筑的墙还继续使用（图9-17）。

　　而位于塞纳河左岸的另一段奥古斯特城墙，还继续被隐藏在住宅的庭院中，只是在街边竖了一块牌子，告诉人们它的历史。历史是不断变化的，我们展示的应是历史的每一个阶段留下来的发展印记（图9-18）。

9.4.2　丹麦哥本哈根的城壕景观

　　丹麦首都哥本哈根以前曾是一个肮脏和危险的城市，周围完全被由城墙、堡垒和护城河组成的防御体系所包围。哥本哈根有4个城门，在晚上9点到早上7点之间，任何人不允许穿过城门和城墙，因为城门和城墙标志着城市和农村之间的界限。到19世纪中叶，人口的急剧扩张使城市开始向城墙外继续发展。今天，防御系统已经被花园所代替，这些花园成为围绕老城的美丽景色。下

图9-17 位于塞纳河右岸的一段奥古斯特城墙（图片来源：图9-17、图9-18均引自 Jacques LUCAN, Paris 100ans de Logement, 1999）

面就介绍2005年参观哥本哈根时拍摄的两处城壕景观。

第一处位于著名的美人鱼雕塑附近，是一个五角形的重要防御工事的遗址，乍看之下是一幅非常安静的朴野景象，但从它特殊的外部形状、内部依稀可见的行列式兵营、残留的大炮一下就可以辨别出这里曾是一个重要的要塞。如今它变成了老城区边缘的一个颇具乡村风情的大公园，人们在里面锻炼、散步，兵营肯定早已改变了用途，但是它处处保留下来的历史痕迹和整体的风格却不断向后人，甚至是和它只有一面之缘的旅游者，无声地诉说着它的历史（图9-19）。

第二处是老城区外围的一段带状的城墙遗址，它有着独特的轮廓，保持有城市边缘特有的宁静与荒凉，已经演化为绿化带的遗址和周围居民的日常生活有机地结合起来，设计得非常松弛，设施也很简单，一些旧有的设施也尽可能地保留着。丹麦在欧洲并不是历史悠久的国家，城墙在这个国家无疑是重要的文化遗存，但是重要并不是说要去花大力气"设计"它，而是在合适的城市场景中保存它，并继续发挥领先作用（图9-20）。

图9-19 丹麦哥本哈根的城壕景观1

图9-20 丹麦哥本哈根的城壕景观2

第 10 章

结束语

以前我们国家打着恢复古都风貌也好，恢复历史风貌也好，旅游振兴经济也好，做了不少的项目，比如琉璃厂改造、平安大道、王府井改造等等，大部分刚开始的时候都轰轰烈烈，渐渐随着时间的流逝，它们的价值也淡然了。现在从皇城根遗址公园到明城墙遗址公园又暴露出建筑遗产环境保护中的更深层次的问题。从设计师的角度来看，我国现阶段建筑遗产保护要特别注意以下几方面的问题：

（1）要以正确的认识来认识建筑遗产保护，这里面最重要的是要加强对非文物性建筑遗产的认识。建筑遗产保护水平是和经济发展水平相关联的，以前在国外被认为是毫无价值的东西，慢慢随着经济的发展、观念的更新也逐渐走进人们的视野，比如工业建筑。同样，我国建筑遗产蓬勃发展是在1982年以后，今后我们的发展趋势也一定会是这样，无论在观念上，还是从做法上，都会有新的发展和突破。

（2）在涉及建筑遗产环境保护的设计时候，要从设计上主动弥补建筑遗产外部空间在保护规划中的不足，而以上两个问题都是在现有建筑遗产保护法律法规控制之外的。

（3）作为一个设计师，对建筑遗产环境主要关心其中普通的、广泛分布于城镇中的部分有很多原因：如果说全国范围的建筑遗产及环境的快速减少和消失是一个基本事实的话，那么眼前大量建筑遗产环境的有意识和无意识浪费，是促进作者对此问题关心的最大理由。

（4）之所以在论文中论述了世界遗产、国家级文保单位及风景区的环境设计问题，一方面是问题确实存在，问题也比较严重，希望引起设计师们的注意，并在可能的情况下，也能引起各级政府和领导的注意和重视；更重要的方面是，借此说明更有大量的普通建筑遗产环境所面临问题的严重性，解决问题时间上的紧迫性。

（5）对国外事例的引证，希望能达到两种目的：一方面，借国外建筑遗产和中国建筑遗产数量的巨大反差，说明中国目前仅为普通建筑遗产的各种实体，随着经济的发展、历史文化意识的提高，很多将逐渐转变为受国家保护的建筑遗产；另一方面，通过对国外一些建筑遗产和建筑遗产环境设计、保护方法、政策等的介绍，给我们一个借鉴、学习的参照，以利于更好地扬长避短，达到我们自己对建筑遗产环境历史信息最大保留的目的。

（6）我们国家的城市面貌虽然遭受了很大的破坏，但以我国悠久的历史，在实际工作中，还有很多历史的信息我们有责任去挖掘，绝不能局限于我国尚待完善的文物保护法律法规。所以借用吴良镛先生对遗产保护所说的"我们要永不言晚"与大家共勉。

（7）在设计时要抓住历史的痕迹，这些痕迹既不能轻易地被抹去，更不能被篡改和粉饰。文化遗产就像人类一样有出生、生长、伤痛、病愈及衰老，它展现的是其中的世事变迁和人生沧桑，它们不仅只是出生时人们所赋予它们的意义，而是反映了在生命长河中经过的变迁以及在其中蕴含着的社会特征和人生哲学。这种"过程"的展示，也是当今建筑遗产保护的趋势，要承认不同时期留下的痕迹，不要按现代人的想法去抹杀它。

（8）保护不是说要一成不变、孤立静止，也许有些东西由于各种原因留不下来了，但是设计师在尽力将历史的痕迹或多或少地、真实地保留下来的同时，还要将它们组织到新的城市元素中去，使其成为新的城市活动的载体，在继续使用中延续它们的生命。

（9）过去设计师没有机会和条件对遗迹的外部环境进行参与和干预，现在参与的机会有了，一定要以正确的认识、用正确的方法来对待它，不要使与捡拾历史和文化的机会失之交臂。作为设计人员，更应提高认识，主动在相关项目中去捡拾历史的痕迹，使得自己的作品真正在遗产保护中发挥应有的作用，同时也经得起时间的考验。

（10）现阶段建筑遗产环境设计中出现的问题，主要是对建筑遗产的"环境"在认识上的失误，所以唤起人们对历史文化的记忆，甚至疑问是当务之急。

（11）论文将要完成之际，在加拿大的同学从网上传来一些照片，其中一张引起了作者的格外注意。这是一个由废弃的、不知名的小火车站改造而成的小广场，广场中原有的铁轨交叉着伸入一栋建筑中，铁轨很自然地成为广场的一个组成部分。广场不夸张，也很安静，显然这不是一个有名的建筑和车站，加拿大的同学也提供不了更多的资料。但是路过的旅人或者当地的儿童经过此地时，一个或数个问题会浮现出来，历史很自然地延续下来，历史信息也不经意间进入人们的脑海。这也许是一种很简单的设计方法，但反映的更多的是一种意识——保护历史的意识，哪怕是通过简单的设计（图10-1）。

图 10-1 加拿大某废弃的小火车站改造而成的小广场

参考文献

[1] 保护世界文化和自然遗产公约.

[2] 北京市规划委员会. 北京旧城二十五片历史文化保护区[M]. 北京：北京燕山出版社，2002.

[3] 北京市规划委员会. 北京历史文化名城北京皇城保护规划[M]. 北京：中国建筑工业出版社，2004.

[4] 北京市规划委员会，北京城市规划学会. 长安街 过去·现在·未来[M]. 北京：机械工业出版社，2004.

[5] 贝弗莉·阿尔伯特著. 臧减尔忠摘译. 美国历史建筑遗址的保护[J]. 北京建筑工程学院学报，1995，11（1）：88-93.

[6] 布伦特·C. 布罗林著. 翁致祥等译. 建筑与文脉——新老建筑的配合[M]. 北京：中国建筑工业出版社2004.

[7] 陈丹青. 退步集[M]. 桂林：广西师范大学出版社，2005.

[8] 陈刚. 历史街区保护与更新模式思考[J]. 建筑创作，2003（4）：146-149.

[9] 陈立旭. 欧美日历史文化遗产保护历程审视[J]. 中共浙江省委党校学报，2004（2）：49-54.

[10] 陈占祥等著. 陈衍庆，王瑞智编. 建筑师不是描图机器——一个不该被遗忘的城市规划师陈占祥[M]. 沈阳：辽宁教育出版社，2005.

[11] 陈志华. 意大利古建筑散记[M]. 北京：中国建筑工业出版社，2000.

[12] 董鉴泓，阮仪三. 名城文化鉴赏与保护[M]. 上海：同济大学出版社，2000.

[13] 董珂. 历史地区的城市公共空间设计[J]. 城市规划汇刊，1997（6）：49-64.

[14] 范文兵. 上海里弄的保护与更新[M]. 上海：上海科学技术出版社，2005.

[15] 方可，章岩. 从"平安大街"改造工程看北京旧城保护与发展中的几个突出问题[J]. 城市问题，1998（5）：25-29.

[16] 方可. 当代北京旧城更新[M]. 北京：中国建筑工业出版社，2000.

[17] 弗朗西斯科·阿森西奥·切沃. 景观世界——景观元素[M]. 昆明：云南科技出版社，2002.

[18] 顾晓伟，祝波. 历史街区的保护[J]. 苏州城建环保学院学报，1998，11（4）：26-30.

[19] 胡盯，王越．保育城市公园绿地中的历史文化实物[C]//上海市风景园林学会论文集，2005．

[20] 卡米诺·西特著．查尔斯·斯图尔特英译．城市建设艺术——遵循艺术原则进行城市建设[M]．北京：中国建筑工业出版社．

[21] 凯文·林奇等著．黄富厢等译．总体设计[M]．北京：中国建筑工业出版社，2001．

[22] 肯尼斯·鲍威尔 著．丁馨，杨智敏，司洋译．旧建筑改建和重建[M]．大连：大连理工大学出版社，2005．

[23] 李磊．历史街区保护中的法律尴尬[J]．小城镇建设，2004（7）：70-72．

[24] 李其荣．城市规划与历史文化保护[M]．南京：东南大学出版社，2002．

[25] 李霞，刘云胜．城市历史地段中建筑环境设计原则分析[J]．新建筑，2003（增）：27-29．

[26] 李雄飞．城市规划与古建筑的保护[M]．天津：天津科学技术出版社，2002．

[27] 李振宇，刘智伟．IBA新建内城住宅的设计启示——1984-1987年柏林国际建筑展回顾[J]．建筑师，2004（2）：19-32．

[28] 历史文物名城保护规划规范．

[29] 刘易斯．芒福德著．倪文彦，宋峻岭译．城市发展史——起源，演变和前景[M]．北京：中国建筑工业出版社，2005．

[30] 鲁政，周珂．论城市历史街区的多样性 [J]．规划师，2004（3）：82-83．

[31] 陆地．建筑的生与死——历史性建筑再利用研究[M]．南京：东南大学出版社，2004．

[32] 吕海平，王鹤．城市景观建设中历史建筑的保护与开发模式[J]．沈阳建筑工程学院学报（自然科学版），2003，19（2）：101-103．

[33] 罗哲文，杨永生．失去的建筑[M]．北京：中国建筑工业出版社，2000．

[34] 马正林．论城墙在中国城市发展中的作用[J]．陕西师大学报（哲学社会科学版），1994，23（1）：102-107．

[35] 名城研究会．中国历史文化名城保护与建设[M]．北京：文物出版社，2003．

[36] 阮仪三，林林．文化遗产保护的原真性原则[J]．同济大学学报（社会科学版），2003，14（2）：1-5．

[37] 阮仪三，刘浩．姑苏新续[M]．北京：中国建筑工业出版社，2005．

[38] 阮仪三. 世界及中国历史文化遗产保护的历程[J]. 同济大学学报（人文社会科学版），1998，9（1）：1-8.

[39] 阮仪三. 城市遗产保护论[M]. 上海：上海科学技术出版社，2005.

[40] 阮仪三. 护城纪实[M]. 北京：中国建筑工业出版社，2003.

[41] 邵勇，阮仪三. 关于历史文化保护的法制建设[J]. 城市规划会刊，2002（3）：57-80.

[42] 邵勇. 理想空间——城市遗产研究与保护[M]. 上海：同济大学出版社，2004.

[43] 石雷，邹欢. 城市遗产保护：从文物建筑到历史保护区[J]. 世界建筑，2001（6）：26-29.

[44] 宋言奇. 城市历史环境整合的分析方法[J]. 规划师，2004（3）：81-82.

[45] 宋言奇. 城市历史建筑周边环境的设计[J]. 城市问题，2003（6）：8-11.

[46] 苏广平. 美国的古建保护[J]. 世界建筑，1994（1）：67-68.

[47] 王景慧. 城市历史文化遗产保护的保护与弘扬[J]. 城乡建设，2002（8）：40-42.

[48] 王景慧. 城市历史文化遗产保护的政策与规划[J]. 中国城市规划设计研究院50周年院庆专版，2004，2（1）：68-73.

[49] 王景慧，阮仪三，王林. 历史文化名城保护理论与规划[M]. 上海：同济大学出版社，2003.

[50] 王军. 城记[M]. 北京：生活·读书·新知三联书店，2003.

[51] 王军. 日本文化财保护[M]. 北京：文物出版社，1997.

[52] 王林. 中外历史文化遗产保护制度比较[J]. 城市规划，2000，24（8）：49-61.

[53] 王鹏. 城市公共空间的系统化建设[M]. 南京：东南大学出版社，2005.

[54] 王世仁. 为保护历史而保护文物——美国的文物保护理念[J]. 世界建筑，2001（2）：45-51.

[55] 王向荣，林菁. 西方现代景观设计的理论与实践[M]. 北京：中国建筑工业出版社，2002.

[56] 王旭. 美国城市史[M]. 北京：中国社会科学出版社，2003.

[57] 韦峰，王建国编译. 景观规划设计一席谈——访德国景观建筑师拉茨教授[J]. 规划师，2004（11）：30-35.

[58] 伍江."立新"不必"破旧"——浦东一座老房子的保存[J]. 时代建筑，2000（3）：36-37.

[59] 西安宣言——古建筑、古遗址和历史区域周边环境的保护.

[60] 谢栋涛，林永乐. 关于中国城市历史地段改造的探究——对上海新天地改造的一点质疑[J]. 长安大学学报（建筑与环境科学版），2004，21（2）：28-31.

[61] 徐明前. 城市的文脉——上海中心城旧住区发展方式新论[M]. 上海：学林出版社，2004.

[62] 薛军. 对文物建筑保护国际文献的思考[J]. Chinese And Overseas Architecture，2002（4）：15-17.

[63] 阳建刚. 现代城市更新[M]. 南京：东南大学出版社，2002.

[64] 叶华. 日本传统建筑群保存地区的概要与特点[J]. 国外城市规划，1997（3）：11-14.

[65] 尹筱周. 尊重历史、再造历史、发扬人文精神——北京东便门明城墙遗址公园的规划方案介绍[J]. 世界建筑，2001（8）：84-88.

[66] 应四爱，陈惟，李辉. 浅议美国文化与自然遗产保护[J]. 浙江工业大学学报，2004，32（4）：473-476.

[67] 张成渝，谢凝高. 真实性和完整性原则与世界遗产保护[J]. 北京大学学报（哲学社会科学版），2003，40（2）：62-68.

[68] 张凡. 法国城市历史地段景观创造与城市设计[J]. 时代建筑，2002（1）：38-41.

[69] 张广汉. 欧洲历史文化古城保护[J]. 国外城市规划，2002（4）：35-37.

[70] 张恺，周俭. 法国城市规划编制体系对我国的启示——以巴黎为例[J]. 城市规划，2001，25（8）：37-41.

[71] 张恺，周俭. 历史文化遗产保护规划中建筑分类与保护措施[J]. 城市规划，2001，25（1）：38-42.

[72] 张珂，维尼塔·希德. 关于东便门明城墙遗址公园的规划设计[J]. 世界建筑，2001（8）：80-83.

[73] 张敏. 历史地段保护规划的若干理论问题[J]. 华中建筑，2000（2）：101-105.

[74] 张钦楠. 阅读城市[M]. 北京：生活·读书·新知三联书店，2004.

[75] 张松. 日本历史环境保护的理论与实践[J]. 清华大学学报（自然科学版），2000，40（s1）：44-48.

[76] 张松. 历史城市保护学导论[M]. 上海：上海科学技术出版社，2001.

[77] 张永龙. 历史文化古迹的环境保护[D]. 北京：北京林业大学，2003.

[78] 赵和生. 城市规划与城市发展[M]. 南京：东南大学出版社，2000.

[79] 赵中枢. 从文物保护到历史文化名城保护——概念的扩大与保护方法

的多样化[J]. 城市规划, 2001, 25 (10): 33-36.

[80] 中国城市规划学会. 名城保护与城市更新[M]. 北京: 中国建筑工业出版社, 2003.

[81] 中华人民共和国城市规划法.

[82] 中国城市规划设计院. 历史文化名城保护规划规范 (GB 50357—2005). 北京: 中国建筑工业出版社, 2005.

[83] 中华人民共和国文物保护法.

[84] 中华人民共和国文物保护法实施细则.

[85] 中国文物古迹保护准则.

[86] 周俭, 张恺. 在城市上建造城市——法国历史文化遗产保护[M]. 北京: 中国建筑工业出版社, 2003.

[87] 周俭, 刘文波. 城市广场的文化与生活意义探索——以桂林市城市中心广场规划设计为例[J]. 城市规划, 1999, 23 (11): 58-62.

[88] 周俭, 张恺. 建筑、城镇、自然风景——关于城市历史文化遗产保护规划的目标、对象与措施[J]. 城市规划会刊, 2001 (4): 58-59.

[89] (丹麦) 杨·盖尔·拉尔斯. 吉姆松著. 何人可, 张卫, 邱灿红译. 新城市空间[M]. 北京: 中国建筑工业出版社, 2003.

[90] (丹麦) 杨·盖尔·拉尔斯. 吉姆松著. 汤羽杨, 王兵, 戚军译. 何人可, 欧阳文校. 公共空间·公共生活[M]. 北京: 中国建筑工业出版社, 2003.

[91] (俄) O.N. 普鲁金著. 韩林飞译. 金大勤, 赵喜伦校. 建筑与历史环境[M]. 北京: 社会科学文献出版社, 1997.

[92] (法) Alain Marinos著. 张恺译. 法国重视城市文化遗产价值的实践[J]. 时代建筑, 2000 (3): 14-16.

[93] (法) Raymond Rocher著. 童乔慧, 李百浩译. 欧洲建筑与城市遗产概念及其发展一、二——欧洲历史性城市遗产[J]. 华中建筑, 2001: (1): 33-35.

[94] (加拿大) 艾伦. 泰特著. 周玉鹏, 肖季川, 朱青模译. 城市公园设计[M]. 北京: 中国建筑工业出版社, 2005.

[95] (加拿大) 简·雅各布斯著. 金衡山译. 美国大城市的死与生[M]. 北京: 译林出版社, 2005.

[96] (美) 纳赫姆·科恩著. 王少华译. 城市规划的保护与保存[M]. 北京: 机械工业出版社, 2004.

[97] (瑞典) 奥斯伍尔德·喜仁龙著. 徐永全译. 北京的城墙和城门[M]. 北京: 北京燕山出版社, 1985.

[98] (意) 克劳迪奥·杰默克, 莫里齐奥·G. 梅茨, 阿戈斯蒂奥·德·菲

拉里著. 谭建华，贺冰译. 场所与设计[M]. 北京：大连理工大学出版，2004.

[99]（英）朱迪思·罗伯茨著. "绿色空间"——城市环境的保护问题[J]. 国外城市规划，1995（1）：10-14.

[100]（英）Richard Rojers，Philip Gumuchdjian著. 仲德崑译. 小小地球上的城市（Cities for a small planet）[M]. 北京：中国建筑工业出版社，2004.

[101]（英）弗朗西斯·蒂巴尔兹著. 鲍莉，贺颖译. 营造亲和城市[M]. 北京：知识产权出版社，2005.

[102]（芬兰）J. 诸葛力多. 关于国际文化遗产保护的一些见解[J]. 世界建筑，1986（3）：11-13.

[103] Ehrenfried Kluckert. European Garden Design[M]. Konemann, 2000.

[104] Suddards, R.W. listed Building. London: Sweet And Maxwell, 1988.

[105] Sylvie Raguenau，刘健. 巴黎：城墙内外的城市发展[J]. 国外城市规划，2003，18（14）：37-41.

[106] UNESCO. Convention for Protection of the World Cultural and Natural Heritage. Paris.

[107] UNESCO. Operational Guideline for the Implementation of the World Heritage Convention. Paris.

致谢

  首先要感谢的是我的导师王向荣教授，本书是在导师的悉心关心、帮助和指导下完成的，王向荣教授学识渊博、学风严谨、洞察力敏锐、品德高尚，这些都在我学习和生活中受益匪浅。王向荣教授言传身教，对我的课题研究提出了许多宝贵的建议，在写作过程中给予了悉心的指导，提出了很多建设性的建议，使我在专业上有很多收获，求学过程的每一步都得到了导师真诚的帮助和指点，在此向王向荣教授表示衷心的感谢。

  徐波教授是我硕士阶段的导师，老师严谨的治学态度、实事求是的工作作风、对事物敏锐的观察力和严密的逻辑性，都让学生敬佩不已，感谢老师多年来对我的关心和为我提供的实践和锻炼的机会。

  感谢中国工程院院士孟兆祯教授对我的关心和帮助，孟院士提出的具有启发性的建议，为我理清了研究的方向，对孟先生的专业指导表示真挚的感谢。

  感谢林菁副教授给我的论文提出的宝贵建议和提供的珍贵资料，感谢张晓佳老师在写作过程中给予的帮助和鼓励，感谢诸位同窗好友薛晓飞、周虹、马辉、张晋石、郑曦、孙晓春等同学在学习过程中给我的鼓励和支持，与你们一起度过的五年时光，是我生命中一段美好的回忆。

  最后，谨向一直默默支持我的父母、家人表示深深的谢意，正是你们无私的照顾和帮助，才使我顺利地完成写作，本书的背后也凝聚着你们的心血。

  无法在这短短的文字中，向所有帮助过我的人表达谢意，总之，我心存感谢！